Giso Weyand

Die 250 besten Checklisten für Berater, Trainer und Coachs

Giso Weyand

Die 250 besten Checklisten für Berater, Trainer und Coachs

- Basis: Strategie und Positionierung
- Pflicht: Marketing und Corporate Identity
- Kür: Kundenakquise und Inszenierungstechniken

Bibliografische Information der Deutschen Nationalbibliothek
Die Deutsche Nationalbibliothek verzeichnet diese Publikation in der Deutschen Nationalbibliografie. Detaillierte bibliografische Daten sind im Internet über http://dnb.d-nb.de abrufbar.

ISBN 978-3-636-03115-0

Für Ramona und Leonard

www.mi-fachverlag.de

Redaktionelle Mitarbeit: Christian Deutsch
Lektorat: Stephanie Walter, München
Umschlaggestaltung: Jarzina Kommunikations-Design, Holzkirchen
Satz: TypoGrafik S. Kampczyk, Mering
Printed in Austria

Inhalt

Einleitung

Sog erzeugen

Sie sind Berater, Trainer oder Coach[1] – und Sie sind gut! Damit haben Sie die wichtigste Voraussetzung für Ihren Erfolg als Einzelkämpfer oder Beratungsunternehmen geschaffen. Um nun dauerhaft am Markt nicht nur zu bestehen, sondern großen Erfolg zu haben, brauchen Sie Strategie, Marketing, PR und Vertrieb. Genau dabei soll Ihnen dieses Buch helfen.

Das Ziel eines guten Auftritts am Markt ist in einem Wort beschrieben: Sog. Sog bedeutet letztlich, dass Ihre Kunden von sich aus auf Sie zukommen – und nicht umgekehrt. Dass Sie bereits beim ersten Telefonat mit Kunden nichts beweisen müssen, sondern immer auf Augenhöhe miteinander sprechen. Und dass Sie Ihre Honorare kontinuierlich erhöhen und sich Ihre Kunden dennoch aussuchen können. Das klingt zu schön um wahr zu sein – und ist tatsächlich ein hartes, mühsames Stück Arbeit.

Doch wo anfangen? Was ist zu beachten? Wo liegen die Stolperfallen? Gutes Marketing, gute PR und guter Vertrieb bestehen zur Hälfte aus Handwerk und zur anderen Hälfte aus Haltung. Handwerklich positionieren Sie sich geschickt, machen Ihren Marktauftritt spannend und sorgen für stetige Bekanntheit. Das alles nutzt jedoch nichts, wenn Sie krampfhaft versuchen, Ihre Leistung zu verkaufen. Sehr wichtig ist daher eine entsprechend gelassene Haltung: »Ich freue mich über Aufträge, renne ihnen aber nicht hinterher! Ich verkaufe nicht, ich spreche mit Interessenten über gemeinsam erreichbare Ziele! Ich habe meinen Preis und muss nicht jedes Spiel mitmachen!«

Betrachten wir uns diese Punkte im Einzelnen – zunächst das Handwerk:

Handwerk, zum Ersten: Positionierung

Jeder Berater kennt die immer wiederholten Aufforderungen der Marketingexperten: »Positioniere dich! Suche deine Nische! Suche dein Alleinstellungsmerkmal!«

Und so verzweifeln Tausende von Beratern bei der Suche nach Ihrem Alleinstellungsmerkmal, das sie schlicht gar nicht haben. Denn Beratung ist nun mal eine sehr vergleichbare, sehr ähnliche Leistung und der dreitausendste Führungskräftecoach wird nur schwerlich eine Alleinstellung seiner Leistung finden.

---

[1] Im gesamten Buch verwende ich nur die männliche Form von Berater, Trainer und Coach. Ich freue mich auch über alle Leserinnen sehr, aber da Kraft in der Sprache ein wesentliches Merkmal guter Inszenierung ist, verzichte ich auf die umständliche Formulierung: Beraterinnen und Berater, Trainerinnen und Trainer etc. Außerdem: Wird im Buch nur von Beratern gesprochen, sind Trainer und Coachs ebenso gemeint.

Die gute Nachricht lautet nun: Freuen Sie sich, wenn Sie eine Alleinstellung haben, aber unbedingt nötig ist sie nicht. Denn auch ohne sie werden Sie mit einem guten Auftritt am Markt bestehen können. Warum ist das so?

Der Interessent einer Beratungsleistung fühlt sich wie ein Schiffbrüchiger in einem Meer von Beratern. Zwar gibt es viele Berater, doch die klingen alle ähnlich, gleiten förmlich wie Wasser durch die Hände. Was unser Ertrinkender nun braucht, ist etwas Halt: Im Idealfall eine Insel, aber auch eine Holzplanke reicht aus, um ihm mehr Sicherheit zu geben. Ein Alleinstellungsmerkmal, mit dem Sie sich von allen anderen Anbietern unterscheiden, wäre eine sichere Insel für unseren Interessenten – und damit natürlich das Ideal. Im Vergleich zu Ihren Mitbewerbern reicht es aber schon, eine Holzplanke für Interessenten zu sein, also irgendetwas zu bieten, an dem er sich festhalten kann. Was kann eine Holzplanke sein? Zum Beispiel

- Ihr persönlicher Arbeitsstil,
- ein besonderer Anspruch an Ihre Arbeit, den Sie ausgesprochen selbstbewusst formulieren,
- eine Auswahl exquisiter Referenzen mit Foto des Kunden, Name, Position, Unternehmen und Kundenstimme,
- Ihre Art, als Trainer ein Thema anzupacken und aufzubereiten, so dass alle begeistert sind,
- besonders intensive eigene Erfahrung in Unternehmen.

Nun sagen Sie vielleicht: »Das haben andere doch auch!« Und Sie haben vollkommen Recht! Entscheidend ist jedoch nicht, was die anderen auch haben, sondern was Sie sagen. Unser Interessent sucht nach einem Berater. Also holt er Empfehlungen ein, betrachtet die Fachpresse, spricht mit Kollegen und sondiert eine Auswahl von drei bis fünf möglichen Anbietern. Deren Marktauftritt betrachtet er nun im Überblick – er überfliegt sie also. Nahezu alle Anbieter klingen für ihn gleich, zum Beispiel so:

Herzlich willkommen!

Projekterfolge sind die Grundlage unserer partnerschaftlichen Kundenbeziehungen. Unser Leistungsspektrum umfasst die Unternehmensberatung, das Management komplexer Projekte sowie das Interimmanagement. Besonderen Wert legen wir dabei auf eine systemische und ganzheitliche Betrachtungsweise von Organisationen. Der Mensch steht dabei immer im Zentrum unserer Arbeit.

Und nun kommt jemand daher, der bereits in den ersten Zeilen seines Marktauftritts eine Besonderheit zeigt, so wie Olaf Hinz:

Als bekennender Hanseat unterstütze ich meine Kunden, ihre Aufgaben mit seemännischer Gelassenheit zu erfüllen. Gemeint ist damit: […]

Endlich etwas, woran sich unser Ertrinkender festhalten kann, endlich etwas Besonderes! Das reicht in der Regel schon aus, damit sich der Interessent weiter mit Ihnen und Ihrem Marktauftritt beschäftigt. Natürlich stellt er sich dann auch klassische Fragen wie: Was kann der mir bieten? Passt der zu mir? Ist der kompetent? Und so weiter ... Entscheidend ist nur eines: Der Interessent beschäftigt sich mit Ihnen statt dem Mitbewerber – und damit ist das wesentliche Marketingziel der Positionierung erreicht.

Die Checklisten in diesem Buch sollen Ihnen helfen, erstens eine strategische Grundlage für gute Positionierung zu schaffen (Geschäftsmodell), zweitens Ihr Alleinstellungsmerkmal zu entwickeln und es drittens auch schriftlich auf den Punkt zu bringen.

Handwerk, zum Zweiten: Inszenierung

Die schönste Besonderheit nutzt Ihnen nichts, wenn sie nicht spannend dargestellt wird. Also gilt es, jedes Element Ihres Marktauftritts kraftvoll und spannend darzustellen: von der Internetseite über Ihre Fachartikel bis zu jedem Brief an Interessenten und Kunden. Es soll ein Genuss sein, von Ihnen zu hören und zu lesen. Die gute Nachricht lautet auch hier: 99 Prozent Ihrer Mitbewerber nutzen die Chancen guter Inszenierung nicht – sie bleiben bei ihrem vertrauten Beraterdeutsch. Und so kann auch eine spannende Aufmachung für den Schiffbrüchigen im Meer der Berater einen großen Halt bieten. Es macht eben einen Unterschied, ob der Interessent das lesen muss:

Wir bieten Prozessoptimierung für mittelständische Betriebe der metallverarbeitenden Industrie.

Oder das:

Als Metallverarbeiter verbessern Sie laufend Ihre Prozesse – um im Wettbewerb die Nase vorn zu behalten. Genau dabei unterstützen wir Sie aus voller Überzeugung!

Das Beispiel zeigt aber auch eines: Kraftvoll zu inszenieren erfordert einen gewissen Mut. Anders als Ihre Mitbewerber verstecken Sie sich nicht mehr hinter abgedroschenen Phrasen, sondern bekennen Farbe – auch im Stil Ihres Marktauftritts. Und damit ist auch der Gegenwind programmiert, denn allen wird Ihr Stil nicht gefallen. Auf der anderen Seite gibt es natürlich auch beträchtlichen Rückenwind, denn Ihr Gegenüber ist dankbar, das »endlich mal einer normal spricht und schreibt«. Mein Fazit daher: lieber 80 Prozent Rückenwind und 20 Prozent Gegenwind als gar kein Wind!

Bei der Inszenierung Ihres Marktauftritts helfen Ihnen vor allem die Inszenierungschecklisten in Teil V. Jedes der beschriebenen Marketinginstrumente können Sie damit einfach, schnell und nachhaltig »aufpeppen«. Und wenn Sie dabei auch noch darauf achten, was zu Ihnen passt und wann der Bogen womöglich sogar überspannt ist, steht einer glaubwürdigen und gleichzeitig spannenden Inszenierung nichts mehr im Wege.

Natürlich ist der Weg dahin nicht immer einfach und manchmal auch frustrierend, weil ein spannender Text einfach nicht gelingen will. Doch wie sagt Journalistenguru Wolf Schneider so schön: »Einer muss sich quälen: der Leser oder der Schreiber.« Sorgen Sie dafür, dass es nicht Ihr Leser ist – denn der soll später Ihr Kunde sein und Ihr Honorar zahlen.

Handwerk, zum Dritten: Profilierung

Anders und spannend sein – zwei gute Voraussetzungen für den Erfolg. Solange Sie jedoch keiner kennt, wird Ihnen das wenig nutzen. Ein wesentlicher Teil dieses Buchs widmet sich daher den Möglichkeiten, bekannter zu werden: Fachartikel, Buch und Vorträge sind nur drei Beispiele. Entscheidend für die Nutzung solcher Profilierungskanäle ist die Konsequenz, mit der Sie diese einsetzen. Mal ein Fachartikel, mal ein Vortrag, vielleicht sogar mal ein Buch – das ist nicht genug. Potenzielle Kunden sammeln gewissermaßen Bekanntheitspunkte. Je öfter sie von Ihnen gehört haben, desto eher vermuten sie, dass hier ein gefragter Experte am Werke ist. Dementsprechend entscheidend ist, wie intensiv Sie verschiedene Kanäle des Bekanntwerdens regelmäßig einsetzen.

Eine typische Anfrage: »Letztes Jahr habe ich Sie auf der Messe Personal mit Ihrem Vortrag gesehen. Dann habe ich mich für Ihren Beratungsbrief angemeldet und gerade sehe ich die Rezension Ihres neuen Buchs. Nun wurde es wirklich mal Zeit, dass ich mich melde. Mich beschäftigt …«

Nutzen Sie daher Ihre gute Positionierung und spannende Inszenierung, um damit auch bekannter zu werden – mit großem Einsatz und einem gewissen Frustrationspotenzial. Sich regelmäßig aufzuraffen, Artikel und Bücher zu schreiben, Vorträge zu halten und auf Messen aufzutauchen, ist nicht gerade einfach. Vor allem dann nicht, wenn Sie deshalb bewusst auf Aufträge und Umsatz verzichten müssen. Auf der anderen Seite gibt es nichts Schöneres als das Gefühl, einen Sog zu erzeugen und immer mehr Anfragen als nötig zu bekommen, Kunden auswählen zu können und ihnen als Partner auf Augenhöhe zu begegnen. Abgesehen davon: Spätestens wenn Sie Ihren ersten Artikel oder Ihr erstes Buch in den Händen halten, werden Sie für die Mühen entlohnt. Stern-Gründer Henri Nannen brachte das auf den Punkt: »Es ist nicht immer schön zu schreiben. Aber geschrieben zu haben ist einfach wunderbar!«

Das entscheidende i-Tüpfelchen: Ihre Haltung

Soviel zum Handwerk des eigenen Marktaufritts – Sie haben die notwendigen Bedingungen für Ihren Markterfolg geschaffen. Hinreichend sind sie jedoch nicht, denn: Ohne eine passende Haltung nutzt Ihnen Ihr Handwerk wenig. Was ist damit gemeint? Hier eine typische Anfrage eines Unternehmens an einen x-beliebigen Berater:

Bitte kommen Sie am 05.05.08 um 10 Uhr zu uns, um Ihre Leistungen zu präsentieren!

Also reisen Sie einen halben Tag an, um einem fünfköpfigen Gremium gegenüberzustehen. Geplant ist kein Gespräch auf Augenhöhe, sondern man möchte »einfach mal sehen, was Sie zu bieten haben«. Beauty-Contest wird das dann neudeutsch genannt. Und das ist nichts anderes als die Fleischbeschau der Model-Wettbewerbe übertragen auf Berater. Im Anschluss hätte man dann natürlich gern noch eine detaillierte schriftliche Präsentation, ein Angebot und einen Folgetermin – um in der nächsten Auswahlrunde dabei zu sein.

Auch wenn eine solche Vorgehensweise branchenüblich ist, bin ich überzeugt: damit machen sich Berater ihren eigenen Markt kaputt! Denn wie lautet die Botschaft, wenn Sie dies mitmachen? »Ich will unbedingt deinen Auftrag und bin bereit, dir zig Stunden meiner Zeit dafür zu schenken. Hätte ich viele Aufträge, hätte ich das nicht nötig – aber so komme ich natürlich!«

Das ist ungefähr so, als wenn Sie einen Tisch schreinern lassen wollten und dazu drei Schreiner bäten, Ihnen einen kostenlosen Beistelltisch zu schreinern. Dies mit der Aussicht, Sie würden dann eventuell für den eigentlichen Auftrag auf ihn zukommen. Nein: Das ist geschäftlicher Unsinn – und deshalb ist es wichtig, eine eigene Haltung zu Marketing und Akquise zu gewinnen. Bis wohin sind Sie bereit, Kunden kostenlos zu informieren, und ab wann rechnet sich das einfach nicht? Sind Sie bereit, das wirklich durchzuhalten?

Auch im Marktauftritt spürt man Ihre Haltung. Möchten Sie dem Interessenten unbedingt Ihre Leistung verkaufen, spürt er das: Sie reden und schreiben mehr, sind suggestiver und wirken angespannt. Doch genau das wünscht sich Ihr Gegenüber nicht. Er braucht einen gelassenen Sparringspartner, der selbst erfolgreich ist, sich über Aufträge freut, ihnen aber nicht hinterherrennt. Daher verstehe ich Marketing und PR nicht als Verkauf oder allumfassende Information, sondern in erster Linie als Gesprächsangebot. Sie zeigen, wer Sie sind, welche Themen Sie beherrschen, mit welchen Kunden Sie sich auskennen und wie Ihre Haltung zu bestimmten Themen ist. Ihr Gegenüber hat dann die Möglichkeit, mit Ihnen einen Dialog zu führen mit dem Ziel, eine gemeinsame Arbeitsbasis zu finden.

Mit dieser Grundidee ist auch ein erstes Telefonat oder ein persönlicher Termin keine Präsentation Ihrer Leistungen, sondern ein Gespräch über gemeinsame Möglichkeiten. Der Unterschied klingt einfach und macht doch wirklich einen Unterschied: Sie sind wesentlich entspannter und wirken dadurch attraktiver – sowohl persönlich als auch in Ihrem Marktauftritt.

Dieses Selbstbewusstsein im Umgang mit Kunden setzt natürlich voraus, dass Sie Ihre Hausaufgaben im Marketing gemacht haben und regelmäßig Ihren Bekanntheitsgrad und Ihre Attraktivität erhöhen. Genau hier schließt sich der Kreis, Handwerk und Haltung greifen ineinander – und erzeugen eines: einen guten Eindruck.

Dieses Buch soll seinen Beitrag dazu leisten.

Giso Weyand
Bayreuth, im September 2008

Teil I

Positionierung und Strategie

1 Positionierung erarbeiten

1.1 Strategische Erfolgspositionen erarbeiten

Welche Ihrer Besonderheiten sollten Sie zeigen? Vor allen weiteren Schritten steht die Positionierung – das Anderssein. Nur wenn Sie sich von Ihren Mitbewerbern wirklich unterscheiden, werden Sie im Markt wahrgenommen. Die folgenden Checklisten weisen Ihnen den Weg, wie Sie für sich oder für Ihr Unternehmen strategische Erfolgspositionen (SEP) aufbauen. Eine SEP hebt Sie von Ihren Mitbewerbern ab – die eine mehr, die andere weniger. Das kann im Idealfall ein Alleinstellungsmerkmal sein oder auch ein kleiner Unterschied wie die persönliche Note Ihrer Beratung.

Checkliste: Brainstorming zur Ermittlung der eigenen Stärken

Die folgende Aufzählung hilft Ihnen, Ihre eigenen Stärken – unter Einbeziehung der Markterfordernisse – zu identifizieren.

Maßnahmen	**erledigt**
Notieren Sie, in welchen Themen Sie sich besonders gut auskennen.	❑
Notieren Sie, welche Methoden Sie besonders gut beherrschen.	❑
Überlegen Sie, worin Ihre Stärken in der Kommunikation mit Kunden liegen.	❑
Halten Sie fest, welchen besonderen Service Sie Ihren Kunden bieten.	❑
Überlegen Sie, woran man Ihren Arbeitsstil erkennt.	❑
Ihre Vermutung: Was schätzen Kunden besonders an Ihnen?	❑
Überlegen Sie, welches Problem Ihrer Kunden Sie am besten lösen.	❑
Listen Sie die fünf erfolgreichsten Projekte auf, die Sie mit Ihren Kunden umgesetzt haben.	❑
Nennen Sie die Kernkompetenzen, die Sie bei diesen fünf Projekten eingesetzt haben.	❑
Überlegen Sie, welche Fehler typischerweise im Bereich Ihrer Kernkompetenzen gemacht werden.	❑
Nennen Sie aktuelle Trends Ihres Fachbereichs und beschreiben Sie kurz deren Konsequenzen.	❑
Formulieren Sie drei provokative Thesen zu Ihrem Fachbereich.	❑
Notieren Sie, was Ihr Kunde nur bei Ihnen erhält.	❑

Überlegen Sie, zu welcher Zielgruppe Sie eine besondere Beziehung haben.	❑
Überlegen Sie, welche Fähigkeiten oder welches Wissen Sie eher nebenbei an Kunden weitergeben. Lässt sich daraus mehr machen?	❑

Checkliste: Gespräche aufzeichnen und auf eigene Stärken auswerten

Es kann hilfreich sein, ein eigenes Beratungsgespräch oder Fachgespräch mitzuschneiden und auszuwerten – um auf diese Weise eigenen Stärken auf die Spur zu kommen.

Maßnahmen	**erledigt**	**Notizen**
Gesprächspartner für den Mitschnitt festlegen		
Kunden (zum Beispiel Mitschnitt eines Beratungs- oder Coachingtermins)	❑	
Kollegen	❑	
Form der Gespräche festlegen		
Persönliches Treffen	❑	
Telefongespräch	❑	
Auswertung der Gesprächsaufzeichnung		
Welche Themen werden in dem Gespräch diskutiert?	❑	
Welche Herangehensweisen setzen Sie ein?	❑	
Welche Erfahrungen setzen Sie ein?	❑	
Welche Ausdrucksformen (zum Beispiel Einsatz von Metaphern oder Zitaten) fallen Ihnen auf?	❑	
Welche Stärken bei der Gesprächsführung stellen Sie fest?	❑	
Sammeln Sie die großen und kleinen »Ahas« beim Abhören der Aufzeichnungen.	❑	
Sortieren Sie die Ergebnisse.	❑	
Notieren Sie die fünf besonderen Stärken oder Eigenheiten, die Sie entdeckt haben.	❑	

Checkliste: Feedback einholen

Liegen Sie mit der Einschätzung Ihrer Kompetenzen richtig? Holen Sie zur Absicherung das Feedback zum Beispiel von Kollegen und Kunden ein.

Schritte	getan
Suchen Sie sich Feedbackgeber: • Kollegen, • potenzielle Kunden, • befreundete Journalisten.	❑
Formulieren Sie einen kleinen Fragenkatalog für Ihre Feedbackgeber. Beispiele für Feedbackfragen: • Welches sind meine besonders positiven Eigenschaften in Gesprächen und Coachings? • Was ist mein Markenzeichen? • Wenn ich dein »Wer-wird-Millionär?«-Telefonjoker wäre, zu welchen Themen würdest du mich anrufen? • Welche meiner Eigenschaften können in Coachings und Gesprächen manchmal auf den Wecker gehen? Warum? Wie ließen diese sich ins Positive kehren?	❑
Lassen Sie einen Ideenkreislauf entstehen: • Auf welche neuen Gedanken bringt Sie das Feedback? • Was halten Ihre Feedbackgeber wiederum von diesen neuen Ideen?	❑

Checkliste: Die strategischen Erfolgspositionen (SEP) definieren

Nun geht es darum, aus den gesammelten Ideen eine Auswahl zu treffen und daraus Ihre strategische Erfolgsposition zu definieren.

Schritte	getan
Listen Sie die erarbeiteten Merkmale (Stärken und Besonderheiten) auf.	❑
Ordnen Sie die Merkmale nach: • thematischer Besonderheit (Leitgedanke: »Gute Marktchancen durch besondere Themen.«), • persönlichen Eigenschaften (Leitgedanke: »Meine Persönlichkeit verleiht meiner Arbeit eine besondere Note.«), • Erfahrung (Leitgedanke: »Meine Erfahrungen machen mich überlegen.«).	❑
Führen Sie für jedes Merkmal den SEP-Check (folgende Checkliste) durch.	❑
Halten Sie fest: Welches Merkmal oder welche Kombination von Merkmalen bildet Ihre strategische Erfolgsposition (SEP)?	❑

Checkliste: Der SEP-Check

Reflektieren Sie anhand des SEP-Checks, ob die ausgewählten Besonderheiten oder Eigenschaften tatsächlich eine strategische Erfolgsposition darstellen.

Prüfen Sie jede Ihrer Stärken oder Besonderheiten anhand folgender Kriterien (gefühlsmäßige Abschätzung):	Kriterium erfüllt	
	ja	nein
Sofort einleuchtend	❑	❑
Schwer kopierbar	❑	❑
In einem Satz kommunizierbar	❑	❑
Passt zu mir	❑	❑
Ist der Zielgruppe wirklich wichtig	❑	❑

1.2 Zielgruppe ermitteln

Nun kennen Sie Ihre Kernkompetenzen und Ihre strategischen Erfolgspositionen. Doch wer genau ist Ihre Zielgruppe? Ziel dieses Abschnitts ist, die für Sie erfolgverspechendsten Zielgruppen zu ermitteln. Eine gute Zielgruppendefinition hilft Ihnen, sich konkrete Personen für Ihr Angebot vorzustellen. Sie sollte so präzise sein, dass ein konkretes Bild des potenziellen Kunden entsteht. Für die meisten Einzelkämpfer und kleinen Beratungsunternehmen ist die Zielgruppendefinition auch eine Gefühlsangelegenheit: Da Sie nicht Hunderte von Kunden pro Jahr beraten oder coachen können, sollte zwischen Ihnen und Ihren Kunden die Chemie stimmen – das ist natürlich auch im Hinblick auf das Arbeitsergebnis wichtig. Die Checklisten dieses Abschnitts beginnen daher mit einer emotionalen Zielgruppendefinition.

Checkliste: Emotionale Zielgruppendefinition

Erste Annäherung an Ihre Zielgruppe: Wie stellen Sie sich einen Kunden vor, mit dem Sie wirklich gern zusammenarbeiten würden? Lassen Sie Ihr Gefühl sprechen.

Schritte	erledigt
Benennen Sie Ihre Lieblingskunden der vergangenen Jahre.	❑
Überlegen Sie für jeden dieser Kunden, welche Eigenschaften ihn auszeichnen.	❑
Stellen Sie fest, was Ihre Lieblingskunden größtenteils gemeinsam haben.	❑
Notieren Sie, mit welchen Kunden Sie eher ungern zu tun haben.	❑

Überlegen Sie, welche Eigenschaften Sie bei diesen Kunden abstoßend finden.	❑
Beschreiben Sie den typischen Kunden, den Sie nicht wollen.	❑
Stellen Sie sich Ihren Wunschkunden vor. Beschreiben Sie ihn/sie so ausführlich wie möglich. Es zählen die Details, zum Beispiel: • Welches Alter hat er/sie? • Welches Lebensmotto hat er/sie? • Welches Temperament hat er/sie? • Welches sind seine/ihre Wertvorstellungen? • Welche Leidensdruckthemen (vgl. Abschnitt 1.3) beschäftigen ihn/sie? • Welchen privaten Aktivitäten geht er/sie nach? • Wie kleidet er/sie sich?	❑

Checkliste: Sachliche Zielgruppendefinition

Versuchen Sie nun, auf analytischem Weg mindestens drei infrage kommende Zielgruppen zu finden und dann detailliert zu beschreiben.

Schritt	getan
Bestimmen Sie anhand folgender Kriterien die drei erfolgversprechendsten Zielgruppen: • Zielgruppe findet meine Kernkompetenzen und SEP anziehend. • Zielgruppe hat einen Leidensdruck (vgl. Abschnitt .1.3), den ich lösen kann. • Chemie stimmt wechselseitig.	❑
Unterscheiden Sie bei der Zielgruppendefinition zwischen den • Personen, die Ihre Leistung buchen (Auftraggeber, z. B. Geschäftsführer), und • Personen, die von Ihnen gecoacht, beraten oder trainiert werden. Sie sollten beide Gruppen ansprechen!	❑
Stellen Sie sich für jede dieser Zielgruppen mithilfe der nächsten Checkliste (»Verschaffen Sie sich ein konkretes Bild von Ihrem potenziellen Kunden«) eine konkrete Person vor: • Person aus Zielgruppe 1 im Detail beschrieben • Person aus Zielgruppe 2 im Detail beschrieben • Person aus Zielgruppe 3 im Detail beschrieben	❑
Nennen Sie für jede der drei Gruppen die Leidensdruckthemen (siehe Abschnitt 1.3): • Leidensdruckthemen der Zielgruppe 1 • Leidensdruckthemen der Zielgruppe 2 • Leidensdruckthemen der Zielgruppe 3	❑

Checkliste: Verschaffen Sie sich ein konkretes Bild von Ihrem potenziellen Kunden

Malen Sie sich aus, mit wem Sie zusammenarbeiten wollen. Vor Ihrem inneren Auge sollte ein konkretes Bild Ihres Kunden entstehen.

Fragen über Ihren potenziellen Kunden	beantwortet
Mann oder Frau?	❑
Alter?	❑
Beruflicher Status (angestellt, Einzelunternehmer, Freiberufler, Hausmann/-frau, Auszubildender, ohne Job etc.)?	❑
Wo arbeitet er/sie (Branchen, Unternehmensgröße etc.)?	❑
Arbeitet er/sie bei einem Profit- oder Non-Profit-Unternehmen?	❑
Auf welcher Führungsebene arbeitet er/sie?	❑
In welcher Abteilung?	❑
Mit welcher Funktion?	❑
Welches sind seine/ihre Leitwerte?	❑
Welche Bildung hat er/sie?	❑
Wie kleidet er/sie sich? Wie geht er/sie? Wie spricht er/sie?	❑
Wie sind seine/ihre Umgangsformen?	❑
Welche Gewohnheiten hat er/sie?	❑
Wie viel Erfahrung hat er/sie mit Beratung?	❑
Warum werden Sie von ihm/ihr als Experte wahrgenommen?	❑
Wie ist seine/ihre Einstellung zu Beraterhonoraren?	❑
Welche Einwände könnte er/sie gegen Ihre Beratung haben?	❑

1.3 Zielgruppe ansprechen: Leidensdruck und emotionaler Nutzen

Erst das richtige Thema macht Sie für Ihre Kunden interessant und spannend. Es genügt in der Regel nicht, nur ein Bedürfnis anzusprechen. Vielmehr sollten Sie den Kunden dort packen, wo ihn der Schuh wirklich drückt: bei seinen Leidensdruckthemen. Jeder Mensch bemerkt täglich seinen Leidensdruck – sei es privat oder geschäftlich. Was er braucht, ist jemand, der sich seines Leidensdrucks annimmt und mit ihm nach praktischen Lösungen sucht. Möglichst schnell und nachhaltig.

Checkliste: Konzentration auf Leidensdruckthemen

Stellen Sie anhand der folgenden Checkliste sicher, dass Ihr Angebot tatsächlich die Leidensdruckthemen Ihrer Kunden anspricht.

Schritt	getan
Listen Sie die Angebote auf, mit denen Sie Ihre Kunden ansprechen oder ansprechen wollen.	❑
Ordnen Sie jedes Angebot mithilfe der nächsten Checkliste einer Ebene der Kundenansprache zu (Bedürfnis, Bedarf, Leidensdruck).	❑
Halten Sie fest, welche Angebote zumindest einen Bedarf, möglichst jedoch ein Leidensdruckthema Ihrer Kunden ansprechen (Ebene 2 und 3).	❑
Überlegen Sie, welche Ihrer Angebote sich möglicherweise auf ein Leidensdruckthema zuschneiden lassen.	❑
Achten Sie darauf, Ihre potenziellen Kunden künftig gezielt auf deren Leidensdruck anzusprechen.	❑

Checkliste: Auf welcher Ebene Sie Ihre Kunden ansprechen

Prüfen Sie, auf welcher Ebene sich Ihr Angebot bewegt. Spricht es einen Leidensdruck an, einen Bedarf oder nur ein Bedürfnis?

Ebenen der Kundenansprache		Ordnen Sie Ihre Angebote ein:
Ebene 1: Bedürfnis	Der Kunde hat zwar das Bedürfnis, ist aber kaum bereit, dafür einen angemessenen Preis zu zahlen.	
Ebene 2: Bedarf	Der Kunde ist prinzipiell bereit, dafür Geld auszugeben – sucht aber nicht aktiv nach einem Anbieter.	
Ebene 3: Leidensdruck	Der Kunde sucht aktiv nach einem Anbieter. Sie sind für ihn wie der Wasserverkäufer in der Wüste.	

Checkliste: Wie Sie Ihre Kunden emotional binden

Definieren Sie anhand dieser Checkliste, durch welchen emotionalen Nutzen Sie Ihre Kunden an sich binden wollen – zusätzlich zur sachlichen Problemlösung.

Schritte	getan
Legen Sie fest: Welchen emotionalen Nutzen wollen Sie vermitteln? Kreuzen Sie aus der folgenden Liste einen Begriff oder mehrere zueinander passende Begriffe an: ❑ Sicherheit ❑ Aufgehoben sein, an die Hand genommen werden ❑ Souveränität ❑ Leistungsfähigkeit ❑ Andersartigkeit, aus der Reihe fallen ❑ Lebensfreude ❑ Zufriedenheit ❑ Überblick (siehe Beispiel unten) ❑ Harmonie, gutes Miteinander ❑ Freiheit, Gestaltungsfreiheit ❑ Macht, Einfluss ❑ Ästhetik, Attraktivität ❑ Durchsetzungskraft ❑ Geld, Umsatz, Gewinn ❑ ...	❑
Wie belegen Sie Ihrem Kunden, dass Sie ihm diesen emotionalen Nutzen tatsächlich bieten? Nennen Sie Eigenschaften, Instrumente oder Besonderheiten aus Ihrem Angebot, die den emotionalen Nutzen belegen: 1. Beleg: ... 2. Beleg: ... 3. Beleg: ... *Beispiel:* Wenn Sie einem Geschäftsführer, der sich von der Vielzahl der Anforderungen überfordert fühlt, den emotionalen Nutzen »Überblick« anbieten, können Sie folgende Belege hierfür anführen: • Als Produktionsberater bieten Sie ihm eine schriftliche Stärken-Schwächen-Analyse seiner Produktion – schnell erfassbar auf nur drei DIN-A4-Seiten. • Als Konfliktberater bieten Sie ihm eine grafische Übersicht an, die auf einen Blick die Konfliktstrukturen des Unternehmens zeigt. *Hinweis:* Sie sollten Ihren emotionalen Nutzen mit einem selbst entwickelten, speziellen Instrument belegen, das tatsächlich schlagkräftig ist. Einen Standardbericht als außergewöhnliches Instrument für »Sicherheit« zu verkaufen, ist wenig glaubwürdig.	❑

1.4 Entscheidung für eine Positionierungsstrategie

Die Positionierung bestimmt, wo im Kopf des Kunden Sie – im Vergleich zu Ihren Mitbewerbern – stehen. Es gibt vier große Felder, über die Sie sich positionieren können: Sie können Ihre Positionierungsstrategie auf ein Thema, eine besondere Methode, eine bestimmte Zielgruppe oder auf ein Merkmal Ihres persönlichen Stils ausrichten. Auch eine Kombination ist möglich. Anhand der folgenden Checklisten können Sie überprüfen, welche Strategievarianten für Ihre Positionierungsstrategie infrage kommen.

Checkliste: Positionierung über ein Thema

Wenn Sie Experte für ein bestimmtes Thema sind: Prüfen Sie anhand der Checkliste, ob Sie hierauf Ihre Positionierung aufbauen können.

Kriterium	Testfrage	erfüllt
Übereinstimmung mit Kompetenzen	Entspricht das Thema Ihren Kernkompetenzen und strategischen Erfolgspositionen?	❑
Einzigartiger Begriff	Haben Sie Ihr Thema mit einem bestimmten Begriff belegt, den nur Sie alleine verwenden?	❑
Spannend	Ist der gewählte Begriff nicht nur treffend, sondern auch spannend?	❑
Tägliches Geschäft	Arbeiten Sie auch wirklich zu diesem Thema? Ist es mindestens zu 90 Prozent Ihr tägliches Geschäft?	❑
Glaubwürdig	Passt das Thema in der Wahrnehmung Ihrer Zielgruppe zu Ihnen?	❑

Checkliste: Positionierung über eine besondere Methode

Wenn Sie eine besondere Vorgehensweise entwickelt haben: Klären Sie ab, ob Sie sich damit positionieren können.

Kriterium	Testfrage	erfüllt
Einzigartig	Unterscheidet sich die Methode maßgeblich von anderen Methoden?	❑
Kommunizierbar	Ist die Einzigartigkeit der Methode einfach kommunizierbar?	❑
Spürbarer Nutzen	Ist ein Nutzen der Methode sicht- und spürbar?	❑
Glaubwürdig	Passt die Methode zu Ihnen?	❑

Checkliste: Positionierung über eine bestimmte Zielgruppe

Wenn Sie in einer bestimmten Branche oder Szene zu Hause sind: Prüfen Sie, ob Sie sich als Experte für diese Zielgruppe positionieren können und wollen.

Kriterium	Testfrage	erfüllt
Eindeutiger Personenkreis	Haben Sie eine eindeutige Zielgruppe definiert, auf die Sie sich spezialisieren wollen? Zum Beispiel: • eine bestimmte Branche, • einzelne Abteilungen, • bestimmte Hierarchieebenen, • einen bestimmten Unternehmens- und Menschentyp.	❑
Zielgruppenkenntnis	Sind Sie Experte für diese Zielgruppe? Experte sind Sie immer dann, wenn Ihr Wissen und Ihre Erfahrung mit der Zielgruppe groß sind.	❑
Exakte Ansprache	Sind Ihre Aussagen exakt auf diese Zielgruppe abgestimmt – inhaltlich und sprachlich?	❑
Referenzen	Haben Sie Referenzen innerhalb der Zielgruppe? Danach wird oft gefragt.	❑
Dauerhafte Entscheidung	Wollen Sie bei dieser Zielgruppe dauerhaft bleiben? Eine Umpositionierung ist für Zielgruppenexperten oft schwierig.	❑
Glaubwürdigkeit	Ist Ihre Zielgruppenspezialisierung auch glaubwürdig? Sie können als 25-Jähriger noch so gut sein – als Coach für Topmanager wären Sie unglaubwürdig.	❑

Checkliste: Positionierung über persönlichen Stil

Gelassenheit, Härte, Präzision: Gibt es eine Eigenschaft, die Sie besonders auszeichnet? Prüfen Sie, ob Sie hierauf Ihre Positionierung aufbauen können.

Kriterium	Testfrage	erfüllt
Herausragend	Gibt es eine herausragende Charaktereigenschaft (bei Unternehmen: eine herausragende Eigenschaft des Unternehmens)? Zum Beispiel: • im Auftreten, • in der Beratungsarbeit, • im Service.	❑

Positiv besetzt	Ist diese Eigenschaft bei Ihrer Zielgruppe positiv besetzt?	❑
Erkennbar	Ist auf den ersten Blick erkennbar, dass diese Eigenschaft zu Ihnen passt?	❑
Nutzen	Hat diese Eigenschaft für den Kunden einen Nutzen?	❑

1.5 Die Positionierung absichern

Die Eckpfeiler Ihrer Positionierung stehen. Sie haben Ihre strategischen Erfolgspositionen erarbeitet, Zielgruppen definiert, Leidensdruckthemen Ihrer potenziellen Kunden identifiziert und sich mit möglichen Positionierungsstrategien befasst. Nun sollten Sie Ihre Entscheidung für eine bestimmte Positionierung mithilfe einer kleinen Markt- und Wettbewerbsanalyse absichern. Die folgenden Vorgehensweisen sind zwar nicht mit einer wirklichen Marktforschung zu vergleichen, verschaffen Ihnen jedoch bei der Entscheidung für Ihre Positionierung eine hilfreiche Informationsgrundlage und eine Sicherheit, die weit über das reine Bauchgefühl hinausgeht.

Checkliste: Die kleine Marktrecherche

Überprüfen Sie anhand der folgenden Anregungen, wie Ihre Positionierung am Markt tatsächlich ankommt. Wie groß ist der Bedarf wirklich?

Wege	Meilensteine	erledigt
Markt beobachten	Basisrecherche im Internet durchführen	❑
	Fachzeitschriften der Kunden auswerten	❑
	Studien (zum Kundenmarkt und zum Beratungsmarkt) auswerten	❑
	Möglichkeiten professioneller Datenbanken (z. B. www.genios.de oder www.gbi.de) nutzen	❑
	Diskussionen in Weblogs und Online-Treffs verfolgen	❑
Kunden befragen	Gespräche mit potenziellen Kunden führen	❑
	Eine kleine »Studie« durchführen	❑

Experten befragen	Marketingberater (spezialisiert auf Ihren Mark!) konsultieren	❑
	Gespräche mit befreundeten Journalisten führen	❑
	Wissenschaftler (insbesondere Trendforscher) befragen	❑
	»Alte Beraterhasen« nach ihrer Einschätzung fragen	❑

Checkliste: Die Wettbewerberanalyse

Die Wettbewerberanalyse können Sie anhand einer Matrix durchführen. Überprüfen Sie damit, wo Sie im Vergleich zu Ihren fünf härtesten Konkurrenten stehen.

Schritt	**getan**
Identifizieren Sie die drei bis fünf Wettbewerber, die für Ihre Positionierung eine wirkliche Konkurrenz darstellen: • Wettbewerber 1: ... • Wettbewerber 2: ... • Wettbewerber 3: ... • Wettbewerber 4: ... • Wettbewerber 5: ... *Anmerkung:* Sind es mehr Wettbewerber, dann sind Ihre strategischen Erfolgspositionen (SEP) womöglich nicht differenziert genug und Sie sollten hier nachbessern. Gehen Sie hierzu noch einmal die Checklisten in Abschnitt 1.1 durch.	❑
Listen Sie Ihre strategischen Erfolgspositionen (SEP) auf – also Ihre in Abschnitt 1.1 ausgewählten Eigenschaften, die Ihr besonderes Profil ausmachen.	❑
Legen Sie für jede SEP konkrete Kriterien fest, wie sich diese in der Praxis auswirkt. *Beispiel:* SEP »mindestens 20 Jahre Beratungserfahrung« • Kriterium 1: 15 bis 20 Jahre als Coach gearbeitet • Kriterium 2: Internetseite bringt diese Erfahrung zum Ausdruck • Kriterium 3: Praxisbeispiele in Fachartikeln belegen die Erfahrung • Kriterium 4: Medien zitieren den Coach als »erfahrenen Experten« • Kriterium 5: Kunden loben die Erfahrung in Referenzen	❑
Schätzen Sie ab, wie stark diese Kriterien bei den einzelnen Wettbewerbern ausgeprägt sind. Vergeben Sie hierzu Schulnoten von 1 bis 6 (»erfüllt dieses Kriterium hervorragend« bis »erfüllt dieses Kriterium überhaupt nicht«)	❑
Stellen Sie das Ergebnis in Form einer Matrix mit folgenden Spalten dar: Kriterium/ Note Wettbewerber A / Note Wettbewerber B / Note Wettbewerber C / ...	❑

Analysieren Sie die Matrix anhand folgender Fragen: • Bei welchen Kriterien sind die Wettbewerber besonders schwach? • Bei welchen Kriterien sind die Wettbewerber besonders gut? • Bei welchen Kriterien punkten Sie gegenüber Ihren Wettbewerbern?	❑
Ziehen Sie Ihre Konsequenzen aus der Analyse: Halten Sie fest, welche Kriterien Sie künftig bei Ihrer Marktstrategie besonders betonen – nämlich jene, bei denen Ihre Wettbewerber deutlich schwächer sind als Sie. *Beispiel:* Bei der SEP »20 Jahre Beratungserfahrung« nutzt nur ein Wettbewerber das Instrument »Fachartikel«, um seine Erfahrungen aktiv zu kommunizieren. Konsequenz sollte sein, dass Sie Ihre Praxiserfahrungen vor allem auf diesem Wege darstellen.	❑

2 Markenkern definieren

2.1 Botschaftslinie entwickeln

Die Positionierung haben Sie festgelegt, Sie wissen nun, mit welcher Besonderheit Sie im Markt auffallen wollen, und müssen das nun in klare Worte fassen. Formulieren Sie hierzu eine Botschaftslinie. Sie gibt Antwort auf die Frage: »Wer bin ich?« oder »Wer sind wir?« Die Botschaftslinie will einen potenziellen Kunden weder überreden noch überzeugen, auch nicht vollständig informieren. Sie soll vielmehr auf die Leistung, die Sie anbieten, neugierig machen. Der Interessent soll sie als Angebot zum Dialog empfinden. Im Kern besteht die Botschaftslinie aus einem Einstieg, der Ihre Tätigkeit kurz und klar definiert, und einer Auflistung der Besonderheiten Ihres Angebots.

Checkliste: So erarbeiten Sie Ihre Botschaftslinie

Die folgende Anleitung zeigt Ihnen, wie Sie Ihre Positionierung in einfache Worte fassen. Das Ergebnis ist die Botschaftslinie, an der Sie künftig Ihr Marketing ausrichten.

Elemente Botschaftslinie	**Schritte**	**erledigt**
Die Kerndienstleistung	Formulieren Sie in einem Satz Ihre Kerndienstleistung (Typischer Einstieg: »Ich bin Berater für ...«) Beispiele: • »Ich bin Berater für Organisationsentwicklung.« • »Wir sind eine Strategieberatung.« • »Ich bin Marketingberater.«	❑
Das Besondere	Formulieren Sie das Besondere an Ihrer Leistung. Nennen Sie drei Besonderheiten Ihres Angebots (Typischer Einstieg: »Dabei ist mir besonders wichtig ...«): 1. ... 2. ... 3. ...	❑

Ihre Botschaftslinie	Formulieren Sie abschließend Ihre Botschaftslinie nach folgendem Muster: • Einleitungssatz • Besonderheit(en) *Beispiel 1:* »Ich bin Textiltrainer *(Einleitungssatz)...* ... nur für den Textileinzelhandel.« *(Besonderheit)* *Beispiel 2:* »Ich bin Marketingberater *(Einleitungssatz).* Dabei ist mir besonders wichtig, dass meine Kunden nach der Beratung erstens auffallend anders sind, zweitens spannender auftreten und drittens bekannter sind als ihre Mitbewerber.« *(Besonderheiten)*	❑

2.2 Die Botschaftslinie überprüfen und anwenden

Der Botschaftslinie kommt eine große praktische Bedeutung zu. Sie ist Leitlinie für Ihre Dienstleistung ebenso wie für Ihre Kommunikation. Sie ist das Instrument, um Ihre Kernbotschaften ständig und langfristig zu kommunizieren und damit Ihre Marke aufzubauen. Deshalb ist es wichtig, die Botschaftslinie vor ihrem Einsatz noch einmal sorgfältig zu prüfen, dann aber auch ihren konsequenten Einsatz zu planen.

Checkliste: So überprüfen Sie Ihre Botschaftslinie

Feilen Sie anhand der folgenden Kriterien an Ihrer Botschaftslinie. Überlegen Sie, an welcher Stelle Sie die Botschaftslinie noch optimieren können.

Prüfkriterien der Botschaftslinie		**Kriterium erfüllt**
Die Kerndienstleistung (Formulierung des ersten Satzes)	Der erste Satz beschreibt die Kerndienstleistung, die ich in Zukunft gern und auf Dauer anbieten und verkaufen möchte.	❑
	Der erste Satz ist allgemein verständlich.	❑
	Der erste Satz ist einfach und sachlich formuliert.	❑
	Der erste Satz konzentriert sich auf das Wesentliche (und versucht nicht, alle Facetten meiner Dienstleistung wiederzugeben).	❑

Das Besondere	Der Einstieg in die Beschreibung der Besonderheiten passt zu meinem Angebot.	❑
	Die genannten Merkmale sind der Zielgruppe tatsächlich wichtig.	❑
	Die genannten Merkmale wirken so interessant, dass ein potenzieller Kunde mehr wissen möchte und nachfragt.	❑
Die Botschaftslinie insgesamt	Die Botschaftslinie – bestehend aus Kernaussage (erstem Satz) und Besonderheiten – hat insgesamt einen klaren Fokus.	❑
	Die Prioritäten sind innerhalb der Botschaftslinie richtig gesetzt.	❑
	Die Botschaftslinie wirkt nicht zu verkäuferisch, sondern weckt die Neugier des Interessenten und lädt ihn zum Dialog ein.	❑

Checkliste: So verwenden Sie Ihre Botschaftslinie

Diese Checkliste sorgt dafür, dass die Botschaftslinie ihre Wirkung entfalten kann – und nicht wie mancher gute Vorsatz in der Schublade verschwindet.

Einsatzfeld	**umgesetzt**
Ich habe einen Ausdruck der Botschaftslinie immer griffbereit.	❑
Die Botschaftslinie wird ganz oder teilweise in allen Marketinginstrumenten erwähnt: • Internetseite, • Broschüren, • Präsentationen (zum Beispiel 60-Sekunden-Präsentation), • Audio- und Videoproduktionen, • Infomappe/Produktkatalog, • Fachartikel, • Pressemitteilungen, • Bücher.	❑
Die Botschaftslinie kommt bei der täglichen Arbeit zum Einsatz, zum Beispiel: • im Gespräch mit den und bei den Kunden, • als Kriterium bei der Annahme neuer Aufträge (keine Aufträge, die der Botschaftslinie widersprechen!).	❑
Die Botschaftslinie ist Leitlinie bei der Entwicklung neuer Dienstleistungen oder Leistungspakete.	❑

3 Positionierung reflektieren

3.1 Typische Positionierungsfehler

Mit der Positionierung legen Sie die Basis für Ihr Unternehmen. Sie sollte daher sorgfältig überlegt und ausgearbeitet sein. Die folgenden Checklisten helfen Ihnen, Ihre Positionierung noch einmal zu reflektieren – zum einen anhand der häufigsten Positionierungsfehler, zum anderen anhand erfolgreicher Positionierungsbeispiele.

Checkliste: Die sieben häufigsten Positionierungsfehler

Nicht immer führt die Positionierung zum erhofften Erfolg. Prüfen Sie deshalb, ob Sie folgende typische Positionierungsfehler vermieden haben.

Positionierungsfehler	vermieden
Die gewählte Nische ist zu eng. Das heißt: Es gibt nicht genügend Kunden, die bereit sind, für die angebotene Teilleistung genügend zu zahlen. *Beispiel:* »Abschlusstechniken für Verkäufer des Textileinzelhandels im Schwarzwald.« Prüfen Sie folgende Varianten: • Zielgruppe zu klein, • Thema zu speziell, • Thema wird als Alibi-Positionierung genutzt, also nur für den »Kundenfang«. In Wahrheit machen Sie vor allem andere Dinge.	❑
Die Botschaftslinie ist zu langweilig. Das heißt: Sie hebt sich von der Masse der Berater nicht wirklich ab. *Beispiel:* »Projektmangementberater mit speziellem Fokus auf konkrete Ergebnisse.«	❑
Der Botschaftslinie ist überinszeniert. Das heißt: Sie wirkt übertrieben, erweckt den Eindruck von Show statt Substanz. *Beispiel:* »Der Erfolgsnavigator, der macht, dass Ihre Quanten springen.«	❑
Die Botschaft steht im krassen Widerspruch zur bisherigen Tätigkeit. *Beispiel:* Bis heute sind Sie als Berater für die gute Gestaltung von Businessplänen bekannt. Mit Ihrer neuen Positionierungsstrategie möchten Sie nun Coach für seelisches Wohlbefinden sein. Ein solcher Widerspruch wirkt befremdlich.	❑

Die Positionierung ist unglaubwürdig. Prüfen Sie folgende Varianten: • Die Persönlichkeit oder Unternehmenspersönlichkeit wird nicht als glaubwürdig erlebt. *Beispiele:* Sie behaupten, Sie schaffen bei Ihren Kunden Gelassenheit – sind jedoch Choleriker. *Oder:* Sie behaupten, Sie seien ein cooles Unternehmen – sind aber todlangweilig. • Der Branchenfokus wird nicht als glaubwürdig erlebt. *Beispiel:* Wenn Sie sich auf eine bestimmte Branche fokussieren, sollten Sie sich in dieser Branche auch auskennen. • Der Fokus auf eine Position wird nicht als glaubwürdig erlebt wird. *Beispiel:* Sie wollen sich als Coach für das Topmanagement positionieren, haben aber selbst noch nie einen Vorstand kennengelernt. *Oder:* Sie wollen Führungstraining anbieten, haben aber nie in einer Führungsposition gearbeitet, sondern waren immer selbstständig.	❑
Die Botschaft ist zu kompliziert. *Beispiel:* »Ich bin Spezialist für die Entwicklung integraler Führungsstrategien im Unternehmen.«	❑
Die Botschaftslinie verfehlt die Sprache des Kunden. *Beispiel:* »Ich bin Spezialist für coole Vorstandssitzungen.«	❑

3.2 Beispiele für erfolgreiche Positionierungen

Prüfen Sie, ob Ihre Positionierung das Zeug hat, in die Reihe erfolgreicher Kollegen aufgenommen zu werden. Die folgende Aufstellung zeigt sehr unterschiedliche Beispiele, die alle eines gemeinsam haben: Die Positionierung war erfolgreich. Lassen Sie sich inspirieren!

Checkliste: Erfolgsbeispiele für Positionierung

Studieren Sie erfolgreiche Positionierungsbeispiele und nutzen Sie diese Beispiele als Anregung, um an Ihrer eigenen Positionierung zu feilen.

Name/Internet	Botschaft	Ihre Bewertung: Gut, weil ...
Gudrun Happich www.galileo-institut.de	»Von der Natur lernen!«	
Olaf Hinz www.hrd-hamburg.de/hinz	»Als bekennender Hanseat unterstütze ich meine Kunden darin, ihre Aufgaben mit seemännischer Gelassenheit zu erfüllen.«	

Ulrich Hardt www.hardt-training.de	»Ich bin Verkaufstrainer für den Textileinzelhandel.«	
Rainer Frieß www.sellympia.de	»Leistungstuning für den Spitzenvertrieb«	
Axel Matheja www.matheja.de	»Nichtrauchen als Erfolgsprojekt in Unternehmen«	
Consolutions www.consolutions.de	»Wir beraten die Sozialwirtschaft.«	
Peter Haas www.gmoh.de	»Berater im Bauhandwerk«	
Willi Kreh www.bankstrategieberater.de	Bankstrategieberater: »Mit mir kommen Unternehmer auf Augenhöhe mit der Bank.«	
Sabine Stege	»Coach für Projektmanager«	
O'Donovan Consulting AG www.odonovan.de	»Wir schaffen Service-Innovationen«	
Procomet www.procomet.de	»Wir beraten Mittelständler im Schwarzwald – von Karlsruhe bis zum Bodensee.«	
... und nun Ihre eigene Positionierung:		

4 Leistungs- und Preisgestaltung

4.1 Produkt- und Leistungspakete

Je nach Thema, Branche und Zielgruppe kann es sich lohnen, Beratungspakete zu schnüren, anstatt rein nach Zeit abzurechnen. Versuchen Sie, folgenden Kerngedanken auf Ihr Geschäft zu übertragen: Wenn ein Weinhändler zwei Sorten zu 6 und 15 Euro verkauft, entscheiden sich die meisten Kunden für den 6-Euro-Wein. Bietet der Händler jedoch zusätzlich noch einen Wein für 28 Euro an, kauft die Mehrzahl der Kunden die Flasche für 15 Euro – nach dem Motto: »Der teuerste Wein muss es nicht sein, aber den billigsten möchte ich auch nicht.« Das durch Studien bestätigte Resultat: Im ersten Fall wird die Flasche zu 6 Euro am häufigsten gekauft, im zweiten die Flasche zu 15 Euro. Analog hierzu können Sie Ihren Umsatz steigern, wenn Sie drei Leistungspakete – ein Einstiegsangebot, ein Mittelpreispaket und ein Premiumpaket – anbieten.

Checkliste: Schnüren Sie Ihr Produkt- oder Leistungspaket

Wie Sie Ihr Angebot zu drei Paketen zusammenfassen, zeigt diese Checkliste. Ziel ist, die Attraktivität Ihres Standardangebots zu steigern.

Schritt	**erledigt**
Überlegen Sie, welche Teilleistungen Ihres Angebots Sie zu sinnvollen Paketen zusammenfassen können. Beispiel: • Basispaket: Ein fester Beratungstag. • Standardpaket: Basispaket plus jeweils ein einstündiges Vorbereitungs- und Nachbearbeitungstelefonat. • Premiumpaket: Standardpaket plus Dokumentation des Beratungstages plus schriftlicher Empfehlungskatalog.	❑
Schnüren Sie ein Einstiegsangebot (Basispaket): • Legen Sie einen günstigen, aber nicht billigen Preis fest. • Kommunizieren Sie das Basispaket als Angebot an den Kunden, Sie zu einem günstigen Preis kennenzulernen.	❑
Schnüren Sie ein Mittelpreispaket (Standardpaket): • Bieten Sie in diesem Paket die Leistungen an, die Sie am liebsten verkaufen möchten. (Es handelt sich hier um Ihr Hauptprodukt, bei dem die meisten Buchungen zu erwarten sind!) • Legen Sie für das Paket einen mittleren Preis fest. *Hinweis:* Der Preis liegt im Mittelfeld *Ihrer* Honorare, kann also auch deutlich über dem Marktdurchschnitt liegen.	❑

Schnüren Sie ein Premiumpaket: • Formulieren Sie die Luxusvariante Ihres Angebots für jene Kunden, die nach einer Kennenlernphase eine möglichst umfassende Betreuung wünschen und bereit sind, dafür viel zu investieren. • Legen Sie für das Paket einen Preis am oberen Rand Ihrer Honorare fest. So erzielen Sie den Effekt, das Mittelpreispaket zu rahmen und damit attraktiver zu machen.	❑
Geben Sie jedem Leistungspaket einen Namen: • Suchen Sie einen treffenden Namen. Er muss das Paket nicht komplett erklären, sollte aber dessen Besonderheit deutlich machen. • Wählen Sie einen Namen mit Unterscheidungskraft. Er sollte so ungewöhnlich sein, dass er sich vom Wettbewerb abhebt. • Achten Sie darauf, dass der Name positive Assoziationen auslöst.	❑

4.2 Honorargestaltung

Es gibt keine einfache Formel, mit der sich ein angemessenes Honorar für Beratungsleistungen bestimmen lässt. Für eine gute Honorargestaltung gilt es vielmehr, die wesentlichen Einflussgrößen und Wirkprinzipien zu analysieren und einzusetzen.

Checkliste: Einflussfaktoren der Honorargestaltung

Nutzen Sie die folgende Aufstellung als Orientierungshilfe, um bei Ihrer Honorargestaltung alle wesentlichen Einflussfaktoren zu berücksichtigen.

Klären Sie den Einfluss der folgenden Faktoren auf die Honorargestaltung	**erledigt**
Marktsituation: • Wie schätzen Sie Angebot und Nachfrage für Ihre Dienstleistung ein? • Was ist der Markt bereit, für Ihre Dienstleistung zu zahlen? Wo liegen die üblichen Honorare im niedrig-, mittel- und hochpreisigen Segment?	❑
Positionierung, Inszenierung, Profilierung: Je stärker und offensichtlicher Sie sich vom Wettbewerb differenzieren, desto größer ist Ihre Chance, höhere Honorare durchzusetzen: • Wie außergewöhnlich sind Sie im Vergleich zu Ihren Mitbewerbern (Positionierung)? • Wie spannend ist Ihr Marktauftritt im Vergleich zu Ihren Mitbewerbern (Inszenierung)? • Wie bekannt sind Sie im Vergleich zu Ihren Mitbewerbern (Profilierung)?	❑

Wertbotschaft Ihres Honorars: Mit Ihrem Honorar legen Sie gegenüber potenziellen Kunden den Wert Ihrer Dienstleistung fest: • Was ist Ihre Leistung in den Augen der Kunden wert? Als wie wertvoll empfindet Ihr Kunde die Leistung? • Passen der Wert Ihrer Leistung und die durch das Honorar vermittelte Wertbotschaft zusammen? (Wer Designer-Jeans zum Preis von 35 Euro anbietet, wirkt unglaubwürdig!)	❑
Ihre Auftragslage: • Wie entwickelt sich Ihre Auftragslage? • Sind Sie dauerhaft ausgebucht? Wenn ja, sollten Sie eine Erhöhung Ihrer Honorare in Betracht ziehen.	❑
Ihr eigenes Wertempfinden: Prüfen Sie, ob Ihr Honorar unter Ihrem eigenen Wertempfinden liegt. (Folge: Sie fühlen sich übervorteilt oder zumindest unterbezahlt, was die Kundenbeziehung auf lange Sicht erheblich beeinträchtigt.)	❑
Gewünschtes Marktsegment: • Vermarkten Sie Ihre Dienstleistung als Low-Budget-Produkt? (Leitgedanke: »Viele Kunden für ein geringeres Honorar«) • Vermarkten Sie Ihre Dienstleistung als Mittelpreisprodukt? • Vermarkten Sie Ihre Dienstleistung als Premiumprodukt? (Leitgedanke: »Weniger Kunden für ein hohes Honorar«)	❑

Checkliste: Honorarfestlegung in acht Schritten

Es gibt für die Honorarfestlegung keine festen Regeln. Eine grobe Leitlinie gibt Ihnen jedoch diese Checkliste an die Hand.

Schritt	**Vorgehensweise eines Beispielunternehmens (die Zahlen sind fiktiv)**	**Ihre Vorgehensweise**
Beschreibung der Ausgangslage	• Kleines Beratungsunternehmen, spezialisiert auf Kundenmanagement, etabliert am Markt, möchte seine Preise für ein neues Marktsegment festlegen. • Die Dienstleistung: Prozessberatung bei der Etablierung von wirksamen Servicekanälen.	

Analyse der Marktsituation	• Niedrigpreisanbieter realisieren zwischen 900 und 1.100 Euro Tageshonorar. • Mittelpreisanbieter circa 1.100 Euro bis 1.400 Euro. • Premiumsegment beginnt bei circa 1.400 Euro und endet (von wenigen Ausnahmen abgesehen) bei 1.900 Euro. • Die Projekte laufen durchschnittlich über 100 bis 300 Manntage.	
Stand der Positionierung, Inszenierung und Profilierung	• Seit knapp sechs Jahren arbeitet das Unternehmen kontinuierlich an seiner Positionierung, Inszenierung und Profilierung. • Regelmäßige Publikationen haben eine beträchtliche Bekanntheit im bisherigen Marktsegment geschaffen.	
Definition der Wertbotschaft	• Die neue Dienstleistung soll als solides, nützliches Produkt verkauft werden. • Die Wertbotschaft soll diesen Anspruch widerspiegeln.	
Berücksichtigung der Auftragslage	• Die Auftragslage ist gut. • Jährliches Umsatzwachstum zwischen 10 und 18 Prozent bei gleichzeitigem Ertragswachstum.	
Einordnung in das Marktsegment	• Einordnung im Niedrigpreissegment kommt nicht in frage, weil die Wertbotschaft »solide« lauten soll. • Premiumsegment widerspricht dem pragmatischen Beratungsansatz ebenso wie der Zielgruppe der Mittelständler.	

Entscheidung über das Honorar	• Nach Abwägung aller Informationen entscheidet sich das Unternehmen für einen Tagessatz von 1.500 Euro für durchschnittlich 100 verkaufte Tage. • Der Preis liegt am unteren Ende des Premiumsegments. • Die Botschaft hinter dem Preis: »Wir sind ein etablierter, erfolgreicher Anbieter und haben dennoch Bodenhaftung. Die Relation zwischen Honorar und Leistung ist stimmig.«	
Testlauf	• Das Unternehmen bietet den Preis im Markt an. • Die Auftragslage nach Einführung der neuen Preise lässt darauf schließen, dass der Preis Akzeptanz findet. • Eine Anpassung nach oben oder unten ist vorläufig nicht geplant.	*Starten Sie Ihren Testlauf. Der Markt wird zeigen, ob auch Ihre Preisstrategie aufgeht.*

Checkliste: Die häufigsten Fragen bei der Honorargestaltung

Die folgenden Empfehlungen gelten fast immer. Aber denken Sie daran: Je nach individueller Situation sind auch Ausnahmen möglich.

Frage	**Empfehlung**	**geprüft**
Wann sollte ich über eine Honorarerhöhung nachdenken? Wie hoch sollte diese sein?	• Eine Erhöhung ist immer dann sinnvoll, wenn Sie tatsächlich einen Großteil Ihrer Zeit mit bezahlten Tagen bei Kunden verbringen. • Eine Erhöhung in einer Größenordnung von 10 bis 20 Prozent ist häufig realistisch.	❑
Was mache ich im Falle einer Honorarerhöhung mit bestehenden Kunden?	• Unterscheiden Sie zwischen ehemaligen Kunden, die Sie zur Zeit nicht gebucht haben, und Kunden, mit denen Sie aktuell arbeiten. • Ehemalige Kunden, die erneut bei Ihnen buchen, sollten Ihren neuen Satz zahlen. • Laufende Beratungsaufträge können Sie nur zu den alten Konditionen weiterführen, doch sollten Sie bei Gesprächen über evtl. Neuaufträge Ihren aktuellen Satz nennen und die Reaktion des Kunden testen.	❑

Soll ich meine Preise auf der Internetseite nennen?	In fast allen Fällen: Nein, Preise auf der Internetseite sind nicht branchenüblich, weil sie • den Eindruck einer »Ware von der Stange« erwecken, • Ihnen Ihre Flexibilität nehmen.	❑
Sind Festpreise sinnvoll oder ist es besser, Honorare von Kunde zu Kunde unterschiedlich zu gestalten?	Arbeiten Sie mit festen Honorarsätzen. • Wenn Sie von vornherein Ihren Festpreis kennen, gehen Sie selbstsicher und auf Augenhöhe in eine Verhandlung. • Ihre Kunden werden es Ihnen danken, wenn alle einen gleich fairen Preis zahlen.	❑
Lohnt es sich, eine Geld-zurück-Garantie anzubieten?	Verzichten Sie auf eine Geld-zurück-Garantie. • Sie signalisieren damit dem Kunden von vornherein die Möglichkeit, er könnte mit Ihrer Beratung unzufrieden sein. • Der Kunde erhält den Eindruck, dass Sie ein solches »Lockangebot« nötig haben. • Als Berater sollten Sie – falls erforderlich – auch unangenehme Wahrheiten aussprechen können, ohne dabei die Angst haben zu müssen, der Kunde könne jederzeit sein Geld zurückverlangen.	❑

Teil II

Pflichtinstrumente – die Basis für Ihren Markterfolg

5 Corporate Identity

5.1 Firmenname

Sie kennen Ihre Positionierung – und möchten erreichen, dass nun auch Ihre Corporate Identity das Besondere Ihres Unternehmens ausstrahlt. Neben Claim, Firmenlogo und anderen »Äußerlichkeiten« spielt hier der Firmenname eine wichtige Rolle: Wie finden Sie einen Namen, der die richtigen Assoziationen auslöst? Gibt es einen Namen, der sich von der Masse der Wettbewerber abhebt? Was sollten Sie speziell als Berater, Trainer oder Coach bei der Namensfindung beachten? Grundsätzlich gilt die Empfehlung: Als Einzelunternehmer sollten Sie in der Regel Ihren eigenen Namen verwenden und zur Marke machen, während sich im Falle eines Unternehmens eher ein abstrakter Firmenname anbietet.

Checkliste: Eigenname oder abstrakter Firmenname?

Legen Sie im ersten Schritt fest, ob Sie einen abstrakten Firmennamen finden oder Ihren eigenen Namen als Firmennamen verwenden möchten.

Welcher Fall trifft zu?	**trifft zu**
Sie sind Einzelunternehmer und möchten Ihren Eigennamen verwenden. Dies ist bei »Einzelkämpfern« der Regelfall – und meist auch empfehlenswert, denn bei Einzelpersonen entwickelt sich der eigene Name ohnehin zur Marke. *Ihre Namensfindung ist damit erledigt. Gehen Sie weiter zum Abschnitt 5.2 »Claim«.*	❑
Sie sind Einzelunternehmer und haben für Ihre Kernbotschaft ein treffendes Bild oder eine Metapher gefunden. In diesem Fall bietet es sich an, einen Firmennamen aus Bild/Metapher plus Eigenname zu bilden.	❑
Sie sind ein Unternehmen mit angestellten Geschäftsführern und Mitarbeitern. In diesem Fall liegt es nahe, einen abstrakten Firmennamen zu wählen.	❑

Checkliste: Was Sie beim abstrakten Firmennamen beachten sollten

Die folgenden Punkte führen die Aspekte auf, die speziell Berater, Trainer und Coachs bei der Wahl eines abstrakten Firmennamens beachten sollten.

Aspekte bei der Wahl des abstrakten Firmennamens	beachtet
Beitrag zur Positionierung. Der Name muss Ihr Geschäft keineswegs komplett erklären – doch sollte er zumindest ein kleiner Baustein Ihrer Kommunikation sein.	❑
Prägnanz und Unterscheidungskraft. Der Name sollte so ungewöhnlich sein, dass er sich vom Wettbewerb abhebt. Firmennamen wie Organisationsberatungs GmbH oder Business Coaching GmbH fehlt die notwendige Unterscheidungskraft.	❑
Wohlspannung. Der Name sollte nicht zu gewöhnlich, aber auch nicht zu ungewöhnlich sein, sondern bei Ihrer Zielgruppe ein gutes Gefühl (Wohlspannung) bewirken. Ein Name wie »Verrücktes Coaching GmbH« ist überinszeniert – er fällt zwar auf, löst aber Irritation bei der Zielgruppe aus.	❑
Ähnliche Assoziationen. Testen Sie den Namen auf missverständliche Bedeutungen. Wenn ein Begriff bei zehn Leuten acht verschiedene Assoziationen auslöst, sollten Sie darauf verzichten.	❑
Positive Assoziationen. Der Name sollte die gewünschten Assoziationen auslösen, die »Egoistisch-Leben GmbH« würde diese Ziel verfehlen. Achten Sie bei Kunstnamen auch auf mögliche negative Bedeutungen in anderen Sprachräumen – hier empfiehlt sich eine gründliche Recherche über mögliche Bedeutungen und Assoziationen des Namens in der jeweiligen Sprache.	❑
Verständlichkeit. Der Name sollte in Aussprache und Schreibweise verständlich sein. So ersparen Sie sich ständiges Buchstabieren, vermeiden fehlerhafte Internetsuche und Schwierigkeiten der Kunden mit der Aussprache. Ein Name, der erst mühsam erlernt werden muss, erschwert das Bekanntwerden Ihres Unternehmens.	❑
Schutzfähigkeit. Achten Sie darauf, dass es den Namen nicht bereits in dieser oder einer ähnlichen Form gibt, um rechtliche Konsequenzen zu vermeiden. Die Anmeldung eines Kunstnamens erfordert eine markenrechtliche Recherche, die ein Fachanwalt durchführen sollte.	❑

5.2 Claim

Sie haben einen Firmennamen oder »firmieren« unter eigenem Namen. Sie können diesen Namen nun mit einem Claim verbinden – einem Zusatz, der Näheres über Sie oder Ihr Unternehmen ausdrückt. Ein Claim bietet zum Beispiel die Möglichkeit, das Besondere Ihres Angebots auf den Punkt zu bringen oder das zentrale Leidensdruckthema Ihres Kunden anzusprechen. Einen Claim sollten Sie nur dann einsetzen, wenn er wirklich kurz, prägnant und treffend ist. Andernfalls belassen Sie es besser bei Ihrem Namen und kommunizieren Ihre Botschaftslinie wie in Abschnitt 2.2 beschrieben.

Checkliste: In drei Schritten zum wirksamen Claim

Der Claim ist ein Slogan, der eine Kernbotschaft auf eingängige und prägnante Weise transportiert. Die Checkliste hilft Ihnen, einen Claim zu entwickeln.

Schritte	getan
Nehmen Sie Ihre Botschaftslinie als Ausgangpunkt (siehe Abschnitte 2.1 und 2.2).	❑
Greifen Sie einen Kernaspekt Ihrer Botschaftslinie auf. Hierfür haben Sie grundsätzlich zwei Möglichkeiten: • Greifen Sie ein *Leidensdruckthema Ihrer Zielgruppe* auf. In diesem Fall drückt der Claim das Resultat oder den Nutzen Ihrer Beratungsleistung aus. *Beispiele:* »Anders sein, spannend sein, bekannt werden« – »Auf Augenhöhe mit Ihrer Bank« – »Erfolgsprojekt Nichtrauchen«. • Greifen Sie eine *Besonderheit Ihres Angebots* auf. In diesem Fall erklärt der Claim Ihre Dienstleistung. *Beispiel:* »Training für den Textileinzelhandel«.	❑
Formulieren Sie den ausgewählten Aspekt Ihrer Botschaftslinie in Form eines Slogans. Achten Sie hierbei auf folgende Kriterien: • *Verständlichkeit.* Der Slogan muss für die Zielgruppe sofort verständlich sein, er besteht deshalb aus einer einfachen, direkten, prägnanten und treffenden Aussage. Sprechen Sie zum Beispiel nicht von »Renditeoptimierung im Vertrieb«, sondern sagen Sie: »Mehr Rendite «. • *Wohlspannung.* Der Slogan sollte bei Ihrer Zielgruppe ein gutes Gefühl auslösen, also weder langweilig noch überspannt wirken. • *So kurz wie möglich.* Formulieren Sie verständlich, aber kurz. Vollständige Sätze müssen nicht sein. Also nicht: »Kommen Sie durch gute Vorbereitung auf Augenhöhe mit der Bank«, sondern: »Auf Augenhöhe mit der Bank«.	❑

• *Eingängig und flüssig zu lesen.* Feilen Sie an Ihrer Formulierung. Experimentieren Sie mit klanglichen Mitteln (Alliteration, Reim), suchen Sie nach Wortspielen, Bildern oder Metaphern. • *Keine Plagiate.* Lehnen Sie Ihren Claim nicht an bekannte Werbeslogans an (IKEA: »Wohnst du noch oder lebst du schon?«) – dies wirkt einfallslos und abgedroschen.	❑

Checkliste: Den Claim einsetzen

Erst wenn ein Claim im Markt präsent ist, entfaltet er seine Wirkung. Prüfen Sie die Einsatzmöglichkeiten Ihres Claims anhand dieser Checkliste.

Einsatzmöglichkeit	geprüft
Nutzen Sie den Claim als Ergänzung Ihres Namens oder Firmennamens. *Beispiel:* Firmenname »Sellympia«, Unterzeile: »LeistungsTuning für den Spitzenvertrieb«	❑
Setzen Sie den Claim in der Kommunikation mit Kunden und Interessenten ein: • auf Ihrem Briefpapier, • in Ihrer E-Mail-Signatur, • auf Ihrer Visitenkarte, • ggf. auf Ihrer Pressemappe.	❑
Platzieren Sie den Claim auf der Startseite Ihres Internetauftritts	❑
Nutzen Sie den Claim bei Präsentationen	❑
Platzieren Sie den Claim auf Ihren Eigen-Publikationen (zum Beispiel Firmenbroschüre, Seminarprogramm, Produktbeschreibung ...)	❑
Sammeln Sie Storys, die zu Ihrem Claim passen (zum Beispiel Projektbeispiele, Begebenheiten bei Kunden, Studienergebnisse, persönliche Erfahrungen). Machen Sie daraus Fachartikel, Reden oder ein Buchprojekt. Bauen Sie an passender Stelle den Claim ein (aber übertreiben Sie nicht!)	❑

5.3 Logo

Das Firmenlogo bildet zusammen mit anderen Gestaltungselementen das Erscheinungsbild (Corporate Design) Ihres Unternehmens. Hierzu zählen neben dem Logo vor allem eine bestimmte Leitfarbe und eine konsequent verwendete Schriftart. Der Einsatz dieser Gestaltungselemente geschieht nach festen Regeln, um auf allen Kommunikationskanälen ein einheitliches Erscheinungsbild sicherzustellen. Logo, Firmenfarbe und Schriftart schaffen ein Grundmotiv, das der Kunde bei jedem Kontakt wiedererkennt und im Idealfall mit Ihnen und Ihrer Botschaftslinie in Verbindung bringt. Für die Entwicklung von Firmenlogo und Corporate Design wird üblicherweise ein professioneller Grafiker beauftragt.

Checkliste: Briefing des Grafikers

Das Firmenlogo wird Ihre Vorstellungen nur dann erfüllen, wenn Sie den Grafiker präzise instruieren. Folgende Punkte sollte das Briefing-Gespräch behandeln.

Informationen für den Grafiker	**erledigt**
Basisinformationen (Firmenname, Leistungen, Größe und Struktur des Unternehmens)	❑
Botschaftslinie (eingehend erläutern!)	❑
Beschreibung der Zielgruppe	❑
Derzeitiges Image der Firma/Wunschimage der Firma	❑
Preislage der Leistungen	❑
Marktanteil im Vergleich zu den Mitbewerbern	❑
Nennung der Mitbewerber (damit der Grafiker deren Logos und Strategien analysieren kann)	❑
Aktuell verwendete Firmenfarben und Schriften (sofern vorhanden)	❑
Derzeit und künftig eingesetzte Kommunikationskanäle	❑
Voraussichtliche Entwicklung der Firma	❑
Begriffe, Farben oder Elemente, die der Grafiker *nicht* verwenden darf	❑

Checkliste: Überprüfen Sie den Entwurf für Ihr Firmenlogo

Der Grafiker hat die Entwürfe präsentiert, Sie haben ein Logo ausgewählt. Überprüfen Sie nun noch einmal, ob der Entwurf den folgenden Kriterien standhält.

Fragen zur Beurteilung des Logos	**trifft zu**
Stimmt die Aussage des Logos mit Ihrer Botschaftslinie überein?	❑
Bildet das Logo eine Einheit mit dem gesamten Erscheinungsbild (Corporate Design) Ihres Unternehmens?	❑
Ist das Logo langfristig einsetzbar (und nicht einem gerade modischen Trend unterworfen)?	❑
Fragen Sie drei bis fünf Kunden: Wirkt das Logo auf sie positiv?	❑
Kann man sich das Logo auch bei kurzer Betrachtung gut merken?	❑
Ist das Logo auch noch sehr klein – in zwei Zentimeter Größe – gut lesbar?	❑
Wirkt das Logo bei starker Vergrößerung optisch in gleicher Weise?	❑
Kann das Logo auch in Schwarz/Weiß verwendet werden?	❑

Können Sie das Logo mit Blick auf Technik, Design und Wirkung in allen Bereichen und Marketingkanälen einsetzen? • Briefpapier, • Visitenkarten, • Internet, • Broschüren, • Messetafeln, • Firmenschild, • Plakate, • Fax, • Anzeigen, • Werbegeschenke.	❑

5.4 Briefpapier und Visitenkarten

Briefpapier und Visitenkarten sind Bestandteile Ihres Erscheinungsbildes und sollten zum stimmigen Gesamtbild Ihres Marktauftritts beitragen. Vor allem dürfen Design, Schrift und Papiersorte der Botschaftslinie nicht widersprechen, sondern sollten diese im Idealfall zusätzlich unterstreichen. Wie Sie das erreichen, erfahren Sie in diesem Abschnitt.

Checkliste: Wie Briefpapier und Visitenkarten Ihren Marktauftritt unterstützen

Die folgenden fünf Kriterien müssen erfüllt sein, damit Briefpapier und Visitenkarten ins Gesamtbild Ihres Unternehmens passen und Ihre Botschaftslinie unterstützen.

Kriterien		**erfüllt**
Papier	Das Papier passt zu Ihrer Botschaftslinie: • Wenn Sie Startups oder pfiffige Jungunternehmer beraten, widersprechen pergamentfarbene schwere Visitenkarten der Botschaft Ihres Unternehmens. Andererseits vermittelt ein zu dünnes Papier einen billigen, unsoliden Eindruck. • Wenn Sie im Hochpreissegment agieren und Solidität ausdrücken wollen, sollten Sie für Visitenkarten und Briefpapier ein entsprechend »gewichtiges« Papier auswählen. Zusätzlich können Sie Ihre Visitenkarten mit einer Veredelungstechnik wie zum Beispiel durch einen Glanzlack aufwerten.	❑

Design	Das Design folgt den Regeln Ihres Corporate Designs: • Die Qualität des Papiers, ein ansprechendes Firmenlogo, Ihr Firmenname und Ihre Kontaktdaten – alles sollte Ihrem Kunden sofort positiv ins Auge fallen. • Ihre Visitenkarten und Ihr Geschäftspapier sollten idealerweise zusammen mit Ihren Flyern aus einer Hand von einem Grafiker hergestellt werden. So haben Sie die Gewähr, dass alles farblich abgestimmt ist und Ihr Corporate Design ein einheitliches, rundes Gesamtbild erzeugt.	❑
Claim	Der Claim ist an geeigneter Stelle platziert: • Wenn Sie einen Claim haben, nutzen Sie die Chance, ihn auf Briefpapier und Visitenkarte abzudrucken. • Visitenkarten können beidseitig bedruckt werden – platzieren Sie den Claim auf der Rückseite.	❑
Inhalt	Alle notwendigen Angaben sind vorhanden und korrekt: • Alle relevanten Kontaktdaten (Name, Postanschrift, Telefon, Fax, Handynummer, E-Mail- und Internetadresse) sind angegeben. • Verwirren Sie Ihre Kunden andererseits nicht mit Überflüssigem. Wenn Sie mehrere Anschriften und dazu noch ein Postfach haben, dann drucken Sie nur eine Adresse auf die Karte – nämlich die, unter der die Leute Sie postalisch erreichen sollen. • Lesen Sie sorgfältig Korrektur. Ein fehlender Buchstabe in der E-Mail-Adresse macht Ihr druckfrisches Briefpapier zu Altpapier.	❑
Lesbarkeit	Alle Angaben sind deutlich lesbar: • Zur guten Lesbarkeit sollten Papier und Schrift einen ausreichenden Kontrast bilden. • Vermeiden Sie zu kleine Schriftgrößen – Ihr Kunde sollte keine Lupe benötigen, um Ihre Kontonummer zu entziffern.	❑

6 Internetseite

6.1 Grundrichtung

Für sich allein bringt ein Internetauftritt keine Aufträge, ohne ihn oder mit einem unprofessionellen Auftritt schließen Sie sich jedoch von einem großen Teil Ihres Marktes aus. Die Internetseite ist das Herzstück Ihres Marktauftritts. Zusammen mit anderen Puzzlesteinen wie Fachartikel, Präsentationen, Reden oder Bücher trägt sie maßgeblich dazu bei, Ihr Unternehmen und die Besonderheiten Ihres Angebots bekannt zu machen – wobei es auch hier auf eine spannende Inszenierung ankommt (siehe Teil V »Inszenierungstechniken«).

Legen Sie zunächst die Grundrichtung Ihres Internetauftritts fest. Stellen Sie hierzu die Frage, was der Besucher Ihrer Seite wissen möchte. Sechs Elemente sind aus diesem Blickwinkel wichtig: Ihre Leistungen, wie Sie den Besucher abholen, der emotionale Nutzen Ihres Angebots, der inhaltliche Nutzen, Ihre Kompetenz und Ihre Persönlichkeit. Die folgenden Checklisten helfen Ihnen, diese Aspekte in die Konzeption Ihrer Internetseite zu integrieren.

Checkliste: Wie Sie Ihre Leistung vorstellen

Der Besucher möchte sofort verstehen, was Sie anbieten. Die Checkliste hilft Ihnen, Ihre Leistung internetgerecht darzustellen.

Was der Besucher fragt	Lösungsvorschläge	geprüft/ erledigt
»Was bietet dieser Berater an?« Der Besucher möchte schnell und klar erfassen, welche Dienstleistung Sie anbieten.	**Formulieren Sie ein bis zwei Sätze, die Ihre Leistung sofort klarmachen.** • Einfaches Deutsch, auf den Punkt gebracht (siehe Teil V) • Heben Sie das Besondere an Ihrem Angebot hervor. Nutzen Sie hierzu Ihre in Abschnitt 2.1 entwickelte Botschaftslinie. • Achten Sie darauf, dass der Text Ihre Botschaftslinie unterstützt, zumindest jedoch ihr nicht widerspricht.	❑
	Unterstützen Sie die Leistungsbeschreibung durch Foto und Grafik (siehe hierzu Abschnitt 6.10) *Beispiele:* • Ein Coach für das Topmanagement kann seine Botschaft unterstützen, indem er sich im schwarzen Anzug in einer sehr seriösen, überlegen wirkenden Haltung ablichten lässt.	❑

	• Ein Konfliktberater kann seine Leistung mit einem Foto unterstreichen, das ihn am Tisch mit einem Team zeigt, das gerade heftig in Streit geraten ist.	❑
	Platzieren Sie diese ein bis zwei Sätze auf der Startseite.	❑

Checkliste: Wie Sie den Besucher abholen

Der Besucher Ihrer Internetseite möchte abgeholt werden – in seiner aktuellen Situation, mit seinen Sorgen und Nöten. Die Checkliste zeigt, wie Sie diesen Aspekt berücksichtigen.

Was der Besucher fragt	Lösungsvorschläge	geprüft/ erledigt
»Versteht der mich?« Der Besucher hat Ihre Seite aufgerufen und gelesen, welche Kernleistung Sie anbieten. Nun möchte er sich verstanden fühlen. Er möchte sich als Person, in seiner Situation oder mit seinem Leidensdruck wiederfinden.	Sprechen Sie Ihre Zielgruppe konkret an. Zum Beispiel indem Sie • gleich am Anfang sagen, für wen Sie die Seite machen. Dies kann auf der Startseite, gegebenenfalls auch im Claim erfolgen. *Beispiel:* »Trainer für den Textileinzelhandel«, • eine Formulierung verwenden wie: »Sie sind Führungskraft im mittleren Management und brauchen ...«, • oder eine Formulierung wie: »Als Unternehmer brauchen Sie vor allem eines: ...«.	❑
	Benennen Sie typische Situationen Ihrer Kunden. *Möglichkeit 1:* Schildern Sie direkt auf der Startseite drei bis fünf Situationen (mit Aufzählungszeichen, jeder Aufzählungspunkt hat ein bis zwei Sätze). *Beispiele:* • »Fünf typische Situationen meiner Kunden: ...« • »Fünf typische Anliegen meiner Kunden: ...« • »Sie sind Führungskraft und möchten drei Dinge sicherstellen: ...« *Möglichkeit 2:* Machen Sie einen eigenen Menüpunkt, der zum Beispiel »Kundenanliegen« oder »Probleme meiner Kunden« oder »Aufgaben meiner Kunden« lautet. Dahinter öffnet sich eine Seite, zum Beispiel mit der Überschrift: »Meine Kunden sind oft in fünf typischen Situationen«. *Beachten Sie hierbei:* • Pro Situation genügt ein Aufzählungspunkt mit ein bis zwei Zeilen.	❑

	• Schildern Sie in jedem Punkt eine konkrete Situation. Also nicht: »Sie wünschen sich mehr Überblick«, sondern: »Ihre Lieferzeiten werden länger – und Sie möchten eine klare Analyse, wo in der Produktion die Ursachen liegen.« Es gilt hier die Regel der Kompetenzunterstellung. Aus fünf konkreten Beispielen schließt der Leser, dass Sie auch für seinen individuellen Fall kompetent sind. • Schreiben Sie in der Sprache Ihrer Kunden, nicht in der Sprache des Beraters. Also nicht: »Sie wünschen sich eine Portfolioanalyse der bestehenden Optionen«, sondern: »Sie möchten einen Überblick, welche Strategien es gibt und welche in Ihrem Fall als nächstes Sinn macht.«	❑
	Nennen Sie ein Leidensdruckthema Ihrer Kunden (siehe Abschnitt 1.3). • Holen Sie den Kunden gleich auf der Startseite bei seinem Leidensdruck ab. Zum Beispiel: »Immer mehr Kunden stornieren ihre Aufträge aufgrund zu langer Lieferzeiten. Ihr Problem: Die Produktion kann bestehende Aufträge nicht schnell genug bearbeiten.« • Machen Sie einen eigenen Menüpunkt, wenn die Startseite durch zu viel Text überladen wirkt. • Beachten Sie die Hinweise im vorhergehenden Punkt dieser Checkliste (Lösungsvorschlag »Benennen Sie typische Situationen Ihrer Kunden«).	❑

Checkliste: Wie Sie den emotionalen Nutzen vermitteln

Der Besucher Ihrer Internetseite wünscht mehr als nur einen sachlichen Lösungsvorschlag. Die Checkliste zeigt, wie Sie ihm auch einen emotionalen Nutzen vermitteln.

Was der Besucher fragt	Lösungsvorschläge	geprüft/ erledigt
»Was bringt mir dieser Berater emotional?« Ihre Internetseite sollte neben der sachlichen Problemlösung auch einen emotionalen Nutzen in Aussicht stellen.	Legen Sie den emotionalen Nutzen fest, den Sie mit Ihrer Internetseite vermitteln möchten. Nutzen Sie hierzu die Checkliste »Wie Sie Ihre Kunden emotional binden« in Abschnitt 1.3.	❑

	Benennen Sie konkrete Instrumente, die speziell für diesen emotionalen Nutzen stehen. Beschreiben Sie diese Instrumente auf der Startseite oder unter einem eigenen Menüpunkt (zum Beispiel »Das haben Sie davon« – »So arbeite ich« – »Ihr Nutzen«) *Beispiel 1:* Wenn Sie einem gestressten Manager, der sich von der Vielzahl der Anforderungen überfordert fühlt, den emotionalen Nutzen »Überblick« anbieten, können Sie als Beleg hierfür folgende Instrumente anführen: • als Konfliktberater eine grafische Übersicht des Unternehmens und seiner Konflikte, • als Produktionsberater eine dreiseitige schriftliche Zusammenfassung der Stärken und Schwächen in der Produktion. In diesem Fall können Sie schreiben: »Als Geschäftsführer wünschen Sie sich zunächst eines: Überblick. Den schaffen wir zum Beispiel durch eine dreiseitige Analyse Ihrer Stärken und Schwächen in der Produktion. Ein Beispiel finden Sie hier.« Es folgt die Möglichkeit eines PDF-Downloads. *Beispiel 2:* Wenn ein Bankstrategieberater den emotionalen Nutzen »Souveränität« vermitteln möchten kann er schreiben: »Gemeinsam erreichen wir Souveränität im Umgang mit Ihrer Bank. Das schaffen wir unter anderem durch perfekte Vorbereitung. Dabei legen wir fünf Eckpunkte fest: Erstens Ziele, zweitens ...« Es folgt ein Beispiel einer schriftlich fixierten Bankstrategie, gegebenenfalls zum Download.	❑
	Transportieren Sie den emotionalen Nutzen durch Sprache und inhaltliche Darstellung. Hierzu folgende Anregungen (nutzen Sie dazu auch die Checklisten über Inszenierungstechniken in Teil V): • Achten Sie auf die Sprache. Haben Sie die Sprache Ihrer Kunden gewählt? • Stimmt die Textmenge? Wenn Sie den emotionalen Nutzen »Überblick« transportieren wollen, sollten Sie Ihre Texte kurz und übersichtlich halten. Im Falle des emotionalen Nutzens »Sicherheit« schreiben Sie etwas detaillierter, konzipieren zum Beispiel eine zusätzliche Ebene, sodass der Nutzer weiterklicken und sich tiefer informieren kann.	❑

	Transportieren Sie den emotionalen Nutzen durch Fotos und grafische Darstellung: • Strahlen die Fotos die gewünschten Emotionen aus? • Strahlen die Farben die gewünschten Emotionen aus? • Transportieren Sie den emotionalen Nutzen eher durch Fotos von Ihnen persönlich? Oder eher mit abstrakten Bildern?	❑
	Transportieren Sie den emotionalen Nutzen über die Struktur der Internetseite: • Wenn Sie die Werte »Einfachheit« oder »Übersicht« vermitteln wollen, benötigen Sie eine besonders klare und eindeutige Gliederung und Menüführung. • Wollen Sie »Andersartigkeit« kommunizieren, können Sie ein ausgefallenes Konzept wählen.	❑

Checkliste: Wie Sie den inhaltlichen Nutzen darstellen

Der Besucher möchte wissen, welchen konkreten inhaltlichen Nutzen er von Ihnen erwarten darf. Die Checkliste zeigt, wie Sie diesen Aspekt berücksichtigen.

Was der Besucher fragt	**Lösungsvorschläge**	**geprüft/ erledigt**
»Was bringt mir dieser Berater für mein konkretes Problem?« Der Besucher möchte den inhaltlichen Nutzen Ihres Angebots erfahren: Er will wissen, • wofür genau er sein Geld ausgeben soll, • welche konkreten Resultate er erwarten kann.	Beschreiben Sie auf der Startseite oder unter einem eigenen Menüpunkt den konkreten inhaltlichen Nutzen Ihres Angebots (zum Beispiel effizientere Abläufe, kürzere Lieferzeiten, weniger Kosten ...). Folgende Formulierungen können Sie hierfür verwenden: • »Das bringt Ihnen...« oder »Für Sie konkret bedeutet das...« • »Das Ziel der Beratung ist immer ...«	❑
	Die Beschreibung sollte kurz sein. Keine große Abhandlung über sämtliche abstrakten Vorteile einer Beratung.	❑

Checkliste: Wie Sie Ihre Kompetenz vermitteln

Ein attraktives Angebot nützt wenig, wenn der Interessent an Ihrer Kompetenz zweifelt. Die Checkliste zeigt Ihnen, wie Sie diesen Aspekt auf Ihrer Seite integrieren.

Was der Besucher fragt	**Lösungsvorschläge**	**geprüft/ erledigt**
»Ist dieser Berater kompetent?« Der Besucher möchte wissen, ob Sie die Kompetenz haben, die angebotenen Leistungen professionell zu erbringen.	Die Internetseite ist professionell gestaltet, sodass der Besucher sofort den Eindruck erhält, auch der Anbieter ist professionell und kompetent: • Die Fotos machen einen natürlichen, kompetenten, souveränen Eindruck. • Die Grafik hat die Handschrift eines professionellen Grafikers.	❑
	Die Texte sprechen die Sprache des Kunden. Der Besucher erkennt daran, dass Sie verstanden haben, worum es geht.	❑
	Ausgewählte Beispielprojekte machen deutlich: Sie sind Praktiker, das haben Sie selbst erlebt. Stellen Sie Projekte vor, die Ihre besondere Erfahrung belegen.	❑
	Ihr Lebenslauf stellt Ihre Kompetenzen heraus (siehe Checkliste »So erstellen Sie Ihr Faktenprofil« in Abschnitt 6.2).	❑
	Eine Publikationsliste (evtl. mit Downloadmöglichkeit der Publikation) weist Sie als Fachautor auf Ihrem Gebiet aus.	❑
	Sie belegen Ihre Kompetenz mit einer Referenzliste (siehe Kapitel 9 »Referenzen«).	❑

Checkliste: Wie Sie Ihre Persönlichkeit vorstellen

Der Besucher Ihrer Internetseite möchte etwas von Ihnen erfahren. Wie zeigen Sie Ihre Persönlichkeit oder die Persönlichkeit Ihres Unternehmens am geschicktesten?

Was der Besucher fragt	Lösungsvorschläge	geprüft/ erledigt
»Wer steht hinter dem Internetauftritt?« Der Besucher möchte wissen, welche Persönlichkeit oder Persönlichkeiten hinter der Internetseite stehen.	Verfassen Sie gute Profile aller wichtigen Personen (Geschäftsführer und Berater), ab 10 Mitarbeiter nur der Geschäftsführer. Verwenden Sie hierzu die Checkliste »So erstellen Sie Ihr Faktenprofil« in Abschnitt 6.2.	❑
	Achten Sie auf gute Fotos der wesentlichen Personen: Nicht nur als Porträt vor weißer Wand, sondern in typischer Körperhaltung, typischer Gestik und Mimik vor verschiedenen Hintergründen. Nutzen Sie hierzu die Checklisten in Kapitel 10.	❑
	Setzen Sie Ton oder Video ein, damit Ihre Kunden Sie sehen und anschauen können (siehe Checklisten »Audio und Video« in Abschnitt 6.2).	❑

6.2 Umsetzung

Die Grundrichtung Ihrer Internetseite haben Sie festgelegt. Für die nun folgende Umsetzung benötigen Sie einen professionellen Dienstleister, der für Sie Gestaltung und Programmierung übernimmt. Als Berater, Trainer oder Coach sollten Sie jedoch auf einige Aspekte besonders achten, die für Ihren Markterfolg wichtig sind. Hierzu zählen eine professionelle persönliche Vorstellung, der Einsatz von Audio- oder Videoformaten, eine aktuelle Publikationsliste und die anschauliche Darstellung von Projektbeispielen. Eine Auflistung der häufigsten Fehler rundet diesen Abschnitt ab.

Checkliste: Worauf Sie achten sollten – ein Überblick

Die Erstellung einer Internetseite ist ein komplexes Projekt. Worauf Sie bei der Umsetzung auf jeden Fall achten sollten, finden Sie in dieser Auflistung.

Bereich	Aspekt	beachtet
Inhalt	Grundrichtung festlegen(siehe Checkliste Abschnitt 2.1)	❑
	Texte schreiben (siehe Teil V)	❑

	Fotos machen lassen (siehe Kapitel 10)	❑
	Persönliches Profil erstellen (siehe nächste Checkliste)	❑
	Audio- /Videobeiträge erwägen und ggf. produzieren (siehe Checklisten weiter unten)	❑
	Publikationsliste erstellen (siehe Checkliste weiter unten)	❑
	Referenzliste erstellen (siehe Kapitel 9)	❑
	Downloads bereitstellen (siehe Checkliste »Wie Sie Ihre Website durch Extras aufwerten«)	❑
	Seite für »Persönliche Notizen« erwägen und ggf. konzipieren (siehe Checkliste »Wie Sie Ihre Website durch Extras aufwerten«)	❑
	Impressum erstellen (siehe Checkliste »Wie Sie Ihre Website durch Extras aufwerten«)	❑
Gestaltung	Mediengestalter auswählen und briefen. Die Agentur sollte folgende Aufgaben übernehmen können: • Design des Internetauftritts, • Programmierung der Seiten, • Entwicklung/Einbindung von Datenbanken.	❑
	Aktualisierung der Internetseiten regeln	❑
Technik	Wahl und Beantragung der Domain	❑
	Wahl des Providers	❑
	Kontaktformular/Feedbackmöglichkeit programmieren	❑
	Suchmaschinenoptimierung (Medienberater konsultieren)	❑
	Erfolgskontrolle sicherstellen (Nutzungsstatistik)	❑

Checkliste: Der Lebenslauf – Faktenprofil oder persönliche Vorstellung?

Der Lebenslauf zählt zu den meistgelesenen Seiten. Die Checkliste hilft Ihnen, zwischen zwei Varianten zu entscheiden: Faktenprofil und persönliche Vorstellung.

Gesichtspunkt	geprüft
Das *Faktenprofil* bietet die Möglichkeit, Ihren Lebenslauf präzise anhand aller relevanten Fakten darzustellen. Im Durchschnitt rufen 60 bis 70 Prozent der Besucher Ihrer Webseite das Faktenprofil auf.	❑
Die *persönliche Vorstellung* gibt Ihnen die Gelegenheit, sich in einem zusammenhängenden Text vorzustellen. Im Durchschnitt greifen 30 bis 40 Prozent der Besucher auf diese Seite zu – doch ist davon auszugehen, dass diese kleinere Gruppe sich dann besonders für eine persönliche Vorstellung interessiert.	❑

Womit fühlen Sie sich wohl? Passt zu Ihnen eher die persönliche Darstellung oder eher die sachliche Auflistung?	❑
Haben Sie eine Story zu erzählen, die zu Ihrer Botschaftslinie (siehe Kapitel 2) passt? Gibt Ihr Leben eine spannende Geschichte her, die Ihre Botschaftslinie erklärt? Dann sollten Sie eine persönliche Vorstellung erwägen.	❑
Ist Ihr Lebenslauf so vielfältig, kompliziert oder widersprüchlich, dass er Ihre Kundschaft eher abschrecken würde? In diesem Fall bietet es sich an, in der persönlichen Vorstellung eine runde Story zu erzählen.	❑
Welche Variante passt besser zu Ihren Kunden und zu Ihrer Dienstleistung? Wenn Sie eine nüchterne betriebswirtschaftliche Beratungsleistung anbieten, könnte eine lebendige persönliche Vorstellung eher irritieren.	❑
Meine Entscheidung ❑ Fakten ❑ Persönliches Profil ❑ Beides (Selbstverständlich können Sie in Ihren Web-Auftritt auch beide Varianten integrieren!)	

Checkliste: Hilfreiche Fragen für Ihr Profil

Ob für Faktenprofil oder persönliche Vorstellung: Mit folgenden Fragen sollten Sie sich beschäftigen, bevor Sie Ihren Lebenslauf erstellen.

Frage	beantwortet
Wie sind Sie zu dem gekommen, was Sie heute tun?	❑
Was hat Sie zu dem gemacht, was Sie heute sind? Was hat Sie geprägt?	❑
Was ist das Besondere an Ihrer Arbeitsweise?	❑
Welche persönlichen Erfahrungen sind wichtig für das, was Sie heute anbieten?	❑
Wie wirken Sie auf dem Foto, das Sie zu Ihrem Profil stellen wollen?	❑
Wirken Sie in den Augen der Zielgruppe sympathisch?	❑
Passt Ihr Äußeres auf dem Foto zu Ihren Kunden?	❑
Welche Qualifikationen und Erfahrungen können Sie vorweisen?	❑
Welche Kompetenzen zeichnen Sie aus?	❑
Über wie viele Jahre Berufserfahrung verfügen Sie?	❑
In welchen Unternehmen und Branchen kennen Sie sich aus?	❑
Welche konkreten Tätigkeiten haben Sie ausgeführt?	❑

Checkliste: So erstellen Sie Ihr Faktenprofil

Faktenprofile haben die Aufgabe, einen schnellen, präzisen Überblick zu geben. Was Sie dabei beachten müssen, erfahren Sie in dieser Checkliste.

Kriterien für ein gutes Faktenprofil	**berücksichtigt**
Orientierung an der Botschaftslinie. Achten Sie darauf, dass die aufgelisteten Fakten Ihre Botschaftslinie (siehe Kapitel 2) widerspiegeln. Beispiel: In der Botschaftslinie steht: »Ich bin Trainer für den Textileinzelhandel. Eine Besonderheit ist, dass ich in den letzten 20 Jahren über 300 Einzelhändler beraten habe.« In diesem Fall sollte das Faktenprofil die Berufsstationen betonen, die mit dem Textileinzelhandel zu tun haben. Beim Abschnitt »Berufserfahrung« achten Sie darauf, eher die Großprojekte im Textileinzelhandel zu nennen.	❑
Präzise Fakten. Liefern Sie nur konkrete Fakten, also immer auch Jahreszahlen. • *Nicht:* »Langjährige Berufserfahrung«, *sondern:* »2002 – 2008: Abteilungsleiter Personal in mittelständischem Maschinenbau-Unternehmen. Verantwortlich für 82 Mitarbeiter, Hauptaufgaben ...« • *Nicht:* »Ausbildung zum Management-Trainer«, *sondern:* »1999 – 2002: Ausbildung zum Management-Trainer am Institut ... mit 360 Stunden Seminar, 120 Stunden Supervision. Schwerpunkte ...«	❑
Nur beruflich relevante Informationen. Persönliche Interessen, Familienverhältnisse und Hobbys sollten nur dann auftauchen, wenn sie auch für Ihre Arbeit relevant sind; ansonsten lenken sie vom Wesentlichen, nämlich Ihrer Botschaftslinie, ab.	❑
Nur wirkliche Ausbildungen. Nennen Sie Ausbildungen konkret mit Namen, führen Sie aber nicht jedes Tagesseminar auf. Also nicht: »Zahlreiche Seminare im Bereich der provokativen Therapie«, sondern besser: »Drei einwöchige Seminare bei Frank Farelly, dem Begründer der provokativen Therapie«.	❑
Keine Selbstverständlichkeiten. Vermeiden Sie Sätze wie: »Ich bilde mich regelmäßig weiter« oder »Ein guter Alltagstransfer meiner Maßnahmen ist mir besonders wichtig«. Das sind Selbstverständlichkeiten, die Ihr Kunde von einem guten Berater erwartet.	❑
Kein Eigenlob. Unterlassen Sie direktes und indirektes Eigenlob, weil es gerade für den deutschen Leser schnell angeberisch wirkt. Vermeiden Sie zum Beispiel Formulierungen wie: • »Als erfahrene Trainerin ...«, • »mit solidem psychologischem Know-how«, • »durch zahlreiche Kontakte«.	❑

Klare Gliederung. Achten Sie auf eine übersichtliche Darstellung und klare Gliederung Ihres Faktenprofils. • Sie können das Profil in folgende Abschnitte gliedern, in denen Sie die Fakten auflisten: Ausbildungen, Berufserfahrungen, Branchenerfahrung etc. • Abschließen können Sie das Profil mit einem kurzen Textabschnitt (maximal 8 bis 10 Zeilen) »Warum ich als Berater arbeite und wie ich arbeite«. Hier können Sie zusätzlich zu den Fakten ein wenig mehr Persönlichkeit zeigen.	❑

Checkliste: Wichtige Aspekte Ihrer persönlichen Vorstellung

Mit der persönlichen Vorstellung präsentieren Sie Ihren Werdegang nicht als Faktenliste, sondern in Form eines Schreibstücks. Worauf Sie achten sollten, erfahren Sie hier.

Kriterien für eine gute persönliche Vorstellung	**berücksichtigt**
Orientierung an der Botschaftslinie. Achten Sie darauf, dass Ihre persönliche Vorstellung die Botschaftslinie (siehe Kapitel 2) widerspiegelt. Versuchen Sie, Ihr Leben an der Botschaftslinie orientiert darzustellen.	❑
Spannender Einstieg. Beginnen Sie spannend, zum Beispiel mit einer Frage: »Wie wird ein Buchhalter zum Life-Coach?« Nutzen Sie hierzu die Checklisten in Teil V.	❑
Ich-Form. Wählen Sie die Ich-Form, sofern Sie als Berater allein sind und nicht Ihr Unternehmen vorstellen. Als Einzelunternehmer ist die Ich-Form authentisch und somit wirkungsvoller.	❑
Klare Sprache. Achten Sie auf Verständlichkeit, vermeiden Sie Beraterdeutsch. Nutzen Sie hierzu die Checklisten in Teil V.	❑

Checkliste: Wann Sie Audio- und Videobeiträge einsetzen können

In Ihre Internetseite können Sie auch Audio- und Videobeiträge integrieren. Prüfen Sie anhand dieser Checkliste, ob das in Ihrem Fall sinnvoll ist.

Kriterien pro und kontra Audio-/Videoeinsatz		**geprüft**
Pro	Ihre Kunden benötigen viel Sicherheit, bevor sie Ihnen einen Auftrag erteilen. *Beispiel:* Sie bieten Beratung in der Krise an, Ihre Kunden befinden sich ohnehin in einer sehr schwierigen, emotional angespannten Situation, bei der viel auf dem Spiel steht. Wenn Sie per Audio- oder Videobeitrag zum Kunden sprechen, hat er die Gelegenheit, Sie etwas besser kennenzulernen, und ist eher bereit, Vertrauen zu fassen.	❑

	Sie möchten Emotionen vermitteln, die über Text und Grafik nur bedingt transportierbar sind. Zum Beispiel pflegen Sie einen pfiffigen Stil. Oder Ihre Art zu sprechen weckt Begeisterung und Sympathie.	❑
	Ihre Dienstleistung legt dieses Medium nahe. Für einen Rhetorik- oder Präsentationstrainer macht es Sinn, dass der Kunde ihn auch hören oder sehen kann.	❑
	Sie haben einen komplizierten Lebenslauf. Mit persönlichen Worten können Sie Zusammenhänge eindrücklicher und besser vermitteln als in der Schriftform.	❑
	Sie möchten Ihre Persönlichkeit oder bestimmte Facetten Ihrer Persönlichkeit stärker zeigen als in einem Text möglich.	❑
	Sie möchten Unschreibbares sagen. *Beispiel:* Im Audio- oder Video-Interview werden Sie gefragt, warum Sie Ihre Arbeit machen. Ihre Antwort: »Weil es mir ungeheure Freude macht.» Diesen Satz können Sie sprechen, doch wäre es albern, ihn zu schreiben.	❑
	Sie suchen die Zusammenarbeit mit renommierten Medien, vor allem Radio und Fernsehen. Die Journalisten dieser Medien wollen sich ein möglichst gutes Bild machen, bevor sie einen Interviewpartner kontaktieren. Mit einer Audio- oder Videosequenz können Sie hier punkten.	❑
Contra	Im Hör- oder Videobeitrag kommen Sie nicht optimal rüber.	❑
	Ihre Zielgruppe empfindet Audio- und Videobeiträge als überflüssig oder albern. Das kann zum Beispiel bei Geschäftsführern der Fall sein, die eine klassische betriebswirtschaftliche Beratung suchen.	❑
	Audio/Video passt nicht zu Ihrer Dienstleistung. Wenn Sie Controlling-Beratung anbieten, wirkt ein Medium, das vor allem Bewegung und Emotionen transportiert, möglicherweise deplatziert.	❑
	Sie fühlen sich bei Audio und Video unwohl – das Medium passt nicht zu Ihnen.	❑
Ihre Entscheidung: Ich werde Audio oder Video auf meiner Internetseite einsetzen. ❑ ja ❑ nein		

Checkliste: Audio oder Video – entscheiden Sie sich für ein Format

Entscheiden Sie sich für Audio oder Video – und legen Sie fest, welches Format Sie produzieren möchten. Diese Checkliste hilft Ihnen hierbei.

<table>
<tr><th></th><th colspan="2">Entscheidungskriterien</th><th>geprüft</th></tr>
<tr><td>Audio oder Video?</td><td colspan="2">Vorteile von Audio sind:
• Technisch schneller realisierbar,
• Wesentlich kostengünstiger,
• Störquellen wesentlich einfacher vermeidbar oder spielen keine Rolle (zum Beispiel schlechtes Licht, schlechter Hintergrund etc.),
• persönliche Anforderungen kleiner (bei Video wirkt Ihre Körpersprache mit und Sie müssen schon ziemlich gut sein, damit Sie gut »rüberkommen«).

Vorteile von Video sind:
• Mehr Ausdrucksmöglichkeiten, von Ihnen und Ihrer Persönlichkeit ist wesentlich mehr erlebbar.
• Inhalte können noch klarer und noch eindrücklicher vermittelt werden.</td><td>❑</td></tr>
<tr><td>Interview oder Themeninformation?</td><td colspan="2">Zum Einstieg in das Medium Audio oder Video sind zwei Formate empfehlenswert:
• Interview (siehe nächste Checkliste),
• Themeninformation (siehe übernächste Checkliste).
Nach oben stehen Ihnen später alle Möglichkeiten offen – bis hin zur Falldokumentation beim Kunden oder zum anspruchsvollen Imagevideo.</td><td>❑</td></tr>
<tr><td>Ihre Entscheidung</td><td>Wofür haben Sie sich entschieden?
❑ Audio
❑ Video</td><td colspan="2">Wofür haben Sie sich entschieden?
❑ Interview
❑ Themeninformation</td></tr>
</table>

Checkliste: Audio und Video – das Format »Interview«

Das Interview ist eine elegante Form, mit der Sie Ihre Botschaftslinie kommunizieren können. Folgen Sie der Checkliste, um dieses Format zu realisieren.

<table>
<tr><th colspan="2">Schritte</th><th>beachtet</th></tr>
<tr><td>Grundrichtung</td><td>Ausrichtung an der Botschaftslinie. Strategisches Ziel des Interviews ist, Ihre Positionierung zu vermitteln. Alle Fragen und Antworten bewegen sich deshalb im Bereich der Botschaftslinie (siehe Kapitel 2), zumindest dürfen sie ihr nicht widersprechen.</td><td>❑</td></tr>
</table>

<table>
<tr><td rowspan="3">Vorarbeiten</td><td>Engagieren Sie einen professionellen Fragesteller. Das kann ein Radio- oder Fernsehjournalist sein, aber auch ein mit diesen Medien vertrauter Kollege oder Marketingfachmann.</td><td>❑</td></tr>
<tr><td>Briefen Sie den Fragesteller. Lassen Sie ihm Ihre Marketingunterlagen, Fachartikel und Bücher zukommen. In einem mindestens zweistündigen persönlichen Gespräch sollten Sie dann folgende Punkte behandeln:
❑ Botschaftslinie. Erklären Sie Ihre Botschaftslinie und legen Sie gemeinsam fest, welche Grundbotschaft das Interview vermitteln soll.
❑ Unternehmensziele. Erläutern Sie Ihre Imageziele und die anderen längerfristigen Ziele Ihres Unternehmens.
❑ Zielgruppe. Beschreiben Sie dem Fragesteller sehr detailliert Ihre Zielgruppe. Er sollte sich die Zuhörer bzw. Zuschauer des Interviews konkret vorstellen können (siehe Abschnitt 1.2).</td><td>❑</td></tr>
<tr><td>Legen Sie die Vorgehensweise fest. Grundsätzlich bestehen hier drei Möglichkeiten. Entscheiden Sie sich:
❑ Schriftliche Ausarbeitung. Frage, Antwort, Rückfrage, Antwort – das gesamte Interview wird schriftlich ausgearbeitet. Die Gefahr ist, dass das Interview später abgelesen klingt.
❑ Stichworte für die Antworten. Der Fragesteller gibt Ihnen im Vorfeld Themenkomplexe vor, Sie notieren sich Stichworte für die Antworten.
❑ Freie Antworten. Der Fragesteller stellt die Fragen, Sie antworten spontan. Häufig liefert diese Vorgehensweise die besten Ergebnisse. (Sie können Teile des Interviews ja mehrfach aufnehmen oder schneiden.)</td><td>❑</td></tr>
<tr><td>Fragen vorbereiten</td><td>Folgende Hinweise helfen Ihnen, die Fragen für das Interview vorzubereiten.
Der Fragesteller kann ...
• ... nach Ihrer Dienstleistung fragen. Beispiel Bankstrategieberater: »Der Kern Ihrer Dienstleistung ist: Sie kommen auf Augenhöhe mit der Bank. Was meinen Sie denn damit?«
• ... kritische Rückfragen stellen. Dies ist eine elegante Möglichkeit, Einwände der Kunden vorwegzunehmen. Beispiel: »Aber sagen Sie mal ehrlich, erbringt diese Leistung nicht auch ein normaler Steuerberater?«
• ... nach den Kunden fragen: »Welche Kunden kommen denn üblicherweise zu Ihnen?« (Beschreiben Sie dann die Kunden, die Sie in Zukunft gern hätten – und belegen Sie mit Ihrer Antwort, dass Sie sich bei Ihrer Zielgruppe auskennen.)</td><td>❑</td></tr>
</table>

	• ... nach den Themen der Kunden fragen: »Welches sind denn die typischen Themen, die Ihre Kunden mitbringen?« Nun haben Sie Gelegenheit, die Leidensdruckthemen Ihrer Kunden anzusprechen – und zeigen damit Ihr Praxis-Know-how. • ... nach Ihren Projekten fragen: »Sie sagen, Sie haben 28 Projekte durchgeführt. Welches war denn das interessanteste?« Mit Ihrer Antwort belegen Sie Ihre Erfahrung. • ... nach Ihrem Lebenslauf fragen: »Welches waren denn die drei wichtigsten Stationen in Ihrem Leben?« • ... nach Brüchen im Lebenslauf fragen: »Sie sind aber doch gelernter Diplom-Ingenieur. Wie wird denn der Diplom-Ingenieur zum Business-Coach? Das würde man einem Ingenieur eigentlich gar nicht zutrauen.« • ... nach den Referenzen fragen: »Sie haben eine Referenzliste von 250 Kunden. Nennen Sie mir doch daraus ein paar Beispiele!» • ... nach der Art fragen, wie Sie die Dienstleistung erbringen: »Worauf müssen sich Ihre Kunden einstellen, wenn Sie Ihre Leistung in Anspruch nehmen?« • ... nach Ihrem Service fragen: »Wenn Ihre Beratung vorbei ist, wie stellen Sie denn sicher, dass das weiter funktioniert? Kann der Kunde sich jederzeit bei Ihnen melden?« • ... nach Ergebnissen fragen: »Sie haben gerade Ihre Leistung beschrieben. Was ist denn üblicherweise das Ergebnis? Haben Sie einen konkreten Fall? Können Sie das Ergebnis belegen?« • ... nach den Mitbewerbern fragen: »Es gibt doch noch eine ganze Reihe von Anbietern, die das auch machen. Was denken Sie denn, was Sie da unterscheidet?« • ... persönliche Fragen stellen: »Wenn Sie gerade nicht beraten – für welche Themen interessieren Sie sich denn noch?« *Hinweis:* Der besondere Reiz des Formats »Interview« liegt darin, dass Sie in die Antworten ein wenig Eigenlob packen können – weil Sie ja jetzt danach gefragt wurden.	❑
Realisation	*Ton-/Videostudio.* Führen Sie die Aufnahme in einem professionellen Studio durch.	❑
	Gesprächssituation. Stellen Sie sich vor, Sie sitzen zu zweit auf einer Couch und unterhalten sich. Also nicht der Duktus: »Ich spreche zur Welt hinaus.« Sondern: »Wir zwei unterhalten uns.«	❑
	Konkrete und lebendige Antworten. Achten Sie darauf, dass Ihre Antworten konkret und anschaulich sind. Bringen Sie Beispiele.	❑

	Keine Perfektion anstreben. Das Interview soll am Ende nicht perfekt wirken, sondern den Eindruck eines normalen Gesprächs hinterlassen. Ein Versprecher oder eine Gedankenpause dürfen vorkommen.	❑
Präsentation auf der Webseite	*Servieren Sie das Interview in kleinen Teilen:* • Lassen Sie die Aufnahme nach Ihren Vorgaben schneiden und in fünf bis sieben kurze Sequenzen von zwei bis drei Minuten aufteilen. • Schreiben Sie zu jeder Sequenz eine Überschrift (zum Beispiel: »Die drei wichtigsten Stationen meines Lebens.«).	❑
	Bieten Sie dem Besucher Ihrer Webseite Alternativen: • Minimallösung ist die Möglichkeit zum Anklicken und Download der Audio- bzw. Videodatei. • Besser ist es, zwei Alternativen anzubieten: Download oder direktes Anhören bzw. Ansehen (Streaming). • Bei einem Audiobeitrag können Sie Fotos zeigen, während der Besucher die Sequenz anhört (zum Beispiel Fotos vom Interview im Tonstudio; alle 30 Sekunden wechselt das Bild). • Wenn Sie eine konservative Zielgruppe haben, die zum Beispiel noch keine Lautsprecher am Computer hat, können Sie das Interview zusätzlich noch als CD anbieten und Interessenten zuschicken.	❑

Checkliste: Audio und Video – das Format »Themeninformation«

Beim Format »Themeninformation« sprechen Sie vor der Kamera und/oder dem Mikrofon zu einem ausgewählten Thema. Verwenden Sie hierzu diese Checkliste.

Schritt	umgesetzt
Suchen Sie ein Thema aus, das Ihre Kunden bewegt.	❑
Bereiten Sie den Beitrag vor. Sie haben zwei Möglichkeiten: • in Stichworten, • vollständig ausformuliert.	❑
Sprechen Sie Ihren Beitrag ins Mikrofon bzw. vor der Kamera. • Sprechen Sie so, als säße Ihnen der Zuhörer bzw. Zuschauer gegenüber. Zum Beispiel: »Eine Frage, die mir meine Kunden immer wieder stellen: Welches sind denn die häufigsten Fehler, die in der Produktion gemacht werden? Ich will Ihnen drei Beispiele nennen. Achten Sie doch einmal auf ...« • Verwenden Sie eine konkrete und anschauliche Sprache. Bringen Sie Beispiele.	❑

Schneiden Sie den Beitrag. Erstellen Sie je nach Länge der Aufnahme eine Sequenz oder mehrere Sequenzen von jeweils maximal 5 bis 10 Minuten.	❑
Integrieren Sie den Beitrag auf Ihrer Internetseite. Bieten Sie dem Besucher Ihrer Webseite Alternativen: • Minimallösung ist die Möglichkeit zum Anklicken und Download der Audio- bzw. Videodatei. • Besser ist es, zwei Alternativen anzubieten: Download oder direktes Anhören bzw. Ansehen (Streaming). • Bei einem Audiobeitrag können Sie Fotos zeigen, während der Besucher die Sequenz anhört (zum Beispiel Fotos von Ihnen im Tonstudio; alle 30 Sekunden wechselt das Bild). • Wenn Sie eine konservative Zielgruppe haben, können Sie den Beitrag zusätzlich als CD anbieten und Interessenten zuschicken.	❑

Checkliste: Wie Sie eine laufend aktualisierte Publikationsliste führen

Eine Publikationsliste zählt zu den wichtigsten Instrumenten, um Ihre Kompetenz zu belegen. Beachten Sie dabei die Regeln dieser Checkliste.

Kriterien für das Führen einer Publikationsliste	**beachtet**
Eine Publikationsliste erstellen Sie ab fünf Publikationen – weniger wirkt albern.	❑
Entscheidend ist, dass die angeführten Publikationen zu Ihrer Botschaftslinie passen (siehe Abschnitt 2.2).	❑
Achten Sie auf Kontinuität. Ein mehrjähriger Abstand zwischen den Publikationen weckt Misstrauen. Publizieren Sie daher regelmäßig.	❑
Die Publikationsliste sollte mit einem relativ aktuellen Artikel beginnen.	❑
Achten Sie auf eine aussagefähige Liste: • Nennen Sie bei Zeitschriftenartikeln Titel des Beitrags, Medium und Ausgabe. • Nennen Sie bei Büchern Titel, Verlag und Erscheinungsjahr, bilden Sie zusätzlich das Cover ab.	❑
Geben Sie dem Leser die Möglichkeit, die Publikationen zu beziehen: • Von den Zeitschriftenartikeln PDF-Dokumente erstellen, Link zum Download hinterlegen (Genehmigung beim Verlag einholen!). • Bei den Buchtiteln Link hinterlegen zu einer Infoseite über das Buch oder direkt zu einer Bestellmöglichkeit (zum Beispiel Amazon).	❑

Checkliste: Wie Sie auf Ihrer Webseite Projektbeispiele darstellen

Kompetenz und Erfahrung können Sie anhand von Projektbeispielen belegen. Wie Sie dabei vorgehen und was Sie beachten sollten, zeigt diese Checkliste.

Varianten	Vorgehensweise	beachtet
Klassiker	**Verfassen Sie eine Projektbeschreibung im klassischen Stil (Umfang etwa eine Bildschirmseite).** Wählen Sie ein Projekt aus, das • Ihre Botschaftslinie zum Ausdruck bringt, • das Sie sehr konkret, möglichst mit Namen des Kunden beschreiben können.	❑
	Gliedern Sie die Darstellung des Projektes in die Abschnitte Ausgangssituation, Auftrag, Vorgehensweise, Ergebnis.	❑
	Beschreiben Sie *Ausgangssituation* und *Auftrag* kurz und präzise. Zum Beispiel: »Die XY Maschinenbau GmbH suchte einen neuen Bereichsleiter. Gegen den ausgewählten Kandidaten leistete ein ehemaliger Konkurrent Widerstand. Der Auftrag war, den Konflikt beizulegen und das Klima wieder zu verbessern.«	❑
	Beschreiben Sie nun Ihre *Vorgehensweise*. Hierbei sollten Sie anhand von Details dem Leser zeigen, dass Sie die geschilderten Situationen wirklich erlebt haben. Zum Beispiel indem Sie schreiben: »Der Stellvertreter des neuen Bereichsleiters leistete wiederholt versteckten Widerstand, zum Beispiel ...«	❑
	Stellen Sie das *Projektergebnis* dar, auch hier konkret und anschaulich: »Die Mitarbeiter waren wesentlich zufriedener, weil klar definiert war, wie Kompetenzen verteilt sind, wer welche Rechte und Pflichten hat ...«	❑
	Schließen Sie den Bericht mit einem *Zitat des Auftraggebers* oder einem *Zitat des betroffenen Abteilungsleiters* ab.	❑
Story	**Verfassen Sie eine Projektbeschreibung in Form eines Magazinartikels (Umfang bis zu zwei Bildschirmseiten).** Wählen Sie ein Projekt aus, • das Ihre Botschaftslinie zum Ausdruck bringt, • über das Sie sehr offen schreiben können (Kunde muss mitspielen!), • das über das Potenzial für eine spannende Story verfügt.	❑
	Erfinden Sie eine echte Story. Zum Beispiel: »Der mittelständische Gummidichtungsbauer, der nach China expandierte«. Nun erzählen Sie die Geschichte des mittelständischen Unternehmers, der noch nie Kontakt zu China hatte, es aber schaffte, mit Ihnen zusammen den chinesischen Markt zu erobern.	❑

	Achten Sie dabei auf folgende Regeln, die für diese Form der Projektbeschreibung gelten: • journalistisch gut geschrieben, • gute Fotos, • Beteiligte werden offen mit Namen genannt, • Thema wird von allen Seiten beleuchtet.	❑
Kundenzitat	**Beschreiben Sie erfolgreiche Projekte durch Kundenstimmen.** Wählen Sie drei bis fünf Projekte aus, • die Ihre Botschaftslinie zum Ausdruck bringen, • von denen Sie eine Referenz des Geschäftsführers oder betroffenen Abteilungsleiters (mit Name und Funktion!) erhalten können.	❑
	Beschreiben Sie jedes Projekt in zwei bis drei Zeilen und fügen Sie das Zitat des Kunden mit Foto hinzu (siehe hierzu Kapitel 9).	❑

Checkliste: Wie Sie Ihre Website durch Extras aufwerten

Eine Webseite kann viele Zusatzelemente enthalten. Drei davon haben sich bei Beratern bewährt. Überprüfen Sie anhand der Checkliste, ob diese auch für Sie sinnvoll sind.

Zusatzelement	Beschreibung und Prüfkriterien	beachtet
Check-ups	**Idee** Sie konzipieren zu Ihrem Thema einige Fragen und stellen den Fragebogen als »Check-up« auf Ihre Webseite. Der Besucher kann den Fragebogen online ausfüllen und erhält kostenlos oder gegen eine Schutzgebühr eine Auswertung.	❑
	Beispiel »Testen Sie Ihre Chancen im Bankgespräch« könnte das Thema eines Checks lauten, den ein Bankstrategieberater auf seine Webseite stellt. Es folgen fünf Fragen. »Wie verhält sich der Banker Ihnen gegenüber?« (mit Adjektiven zum Ankreuzen: freundlich, abweisend ...) – »Was ist aus Ihrer Sicht die größte Schwierigkeit im Umgang mit der Bank?« – »Was erleichtert aus Ihrer Erfahrung den Umgang mit der Bank?« usw. Wer antwortet, bekommt gegen eine Schutzgebühr eine Kurzauswertung zugeschickt.	❑
	Nutzen • Sie erhalten Kontakte zu potenziellen Kunden. • Sie erhalten Informationen über Ihre Zielgruppe und deren Probleme. • Sie können die Ergebnisse als kleine Studie zusammenfassen und für Ihre Pressearbeit nutzen.	❑

Download-Seite	**Beispiele** Im Downloadbereich Ihrer Webseite können Sie zum Beispiel anbieten: • Information über Ihre Dienstleistung, • Fachartikel, • Produktbeschreibungen, • Workshop-Unterlagen, • ein gesamtes E-Book.	❑
	Nutzen Sie können Ihre Webseite schlank und übersichtlich halten, aber dennoch Informationen für Interessenten bereitstellen, die tiefer einsteigen wollen. Sie können eigene Medien lancieren (Ihr eigenes E-Book, Broschüren, Audiobeiträge, kurze Videofilme ...) Sie erhalten Kontakte zu potenziellen Kunden. (Verlangen Sie vom Interessenten anstelle des einfachen Downloads die Eingabe der E-Mail-Adresse und schicken Sie ihm dann über Autoresponder eine gut formulierte Antwort-Mail.)	❑
Persönliche Notizen	**Idee** Sie legen auf Ihrer Internetseite eine Randspalte oder Seite an, in der Sie regelmäßig persönliche Notizen aus Ihrem Arbeitsalltag machen. Die Beiträge sollten stets Ihre Botschaftslinie unterstützen und für Ihre Kunden nützlich sein. Der neueste Eintrag steht jeweils oben.	❑
	Beispiel Die persönlichen Notizen können sein: • Erlebnisse und Erfahrungen aus der Projektarbeit, • Hinweise auf eigene Publikationen, • Hinweis auf einen interessanten Artikel, den Sie gelesen haben, oder ein interessantes Buch, • Neuigkeiten oder Eindrücke von einem Kongress, den Sie besucht haben, • aktuelle Termine zu eigenen oder externen Vorträgen oder Veranstaltungen.	❑
	Nutzen • Die persönlichen Notizen sind ein Ort, an dem Sie Persönlichkeit zeigen können – durch die Art, was Sie schreiben und wie Sie es schreiben. • Die persönlichen Einträge ermöglichen es, noch mehr Nähe zu Ihren Kunden aufzubauen.	❑

Checkliste: Die häufigsten Fehler beim Erstellen einer Webseite

Eine Reihe typischer Fehler beeinträchtigt häufig die gewünschte Wirkung der Internetseite. Die Checkliste hilft Ihnen, diese Fehler zu vermeiden.

Fehler, die Sie vermeiden sollten	vermieden
Inhalt und Design stehen im Widerspruch zu Ihrer Botschaftslinie.	❑
Die Webseite enthält zu viel Information. *Anmerkung:* Internetseiten dienen in erster Linie nicht dazu, zu informieren. Vielmehr sollen sie eine Brücke zwischen Ihnen und dem Kunden herstellen (siehe auch Einleitungskapitel dieses Buches). Wenn keine Fragen offenbleiben, warum sollte sich der Kunde dann bei Ihnen noch melden?	❑
Die Startseite enthält keine Botschaft. Ein bloßes »Herzlich willkommen« ist zu wenig, der Besucher muss als Erstes Ihre Kernbotschaft erkennen.	❑
Sie sprechen zu viel über sich und Ihre Leistungen, aber zu wenig über den Kunden. *Anmerkung:* Die Internetseite muss Ihre potenziellen Kunden abholen. Dazu müssen Sie deutlich machen, wer genau Ihr Wunschkunde ist. Welche Themen hat er und in welcher Situation ist er? Welchen Leidensdruck hat er?	❑
Sie verwenden Beraterdeutsch. »Wir bieten systemische Organisationsberatung« ist eine Aussage ohne Unterscheidungskraft (mehr hierzu in Teil V).	❑
Die Texte sind langweilig (mehr hierzu in Teil V).	❑
Die Texte sind zu werblich und versuchen den Besucher zu überreden, anstatt zu einem Dialog auf Augenhöhe einzuladen.	❑
Der Internetauftritt wirkt überinszeniert. Ihre Sprache ist zu bildhaft, die Aussagen wirken übertrieben, fokussieren allzu sehr auf den Leidensdruck. *Beispiel:* »Ihr Unternehmen steht vor dem Aus. Sie sehen keinen Ausweg. Morgens wachen Sie schweißgebadet auf und merken, Sie brauchen einen Berater. Ich kann Ihnen helfen.«	❑
Die Seite ist unprofessionell gestaltet.	❑
Die Fotos sind schlecht oder nichtssagend (mehr hierzu in Kapitel 10).	❑
Die Schrift ist zu klein und schwer lesbar. Nicht alle Kunden haben Adleraugen.	❑
Die Internetseite verfügt über kein Kontaktformular.	❑
Das Kontaktformular enthält zu viele Pflichtfelder, die ausgefüllt werden müssen. *Anmerkung:* Niemand möchte gezwungen sein, Name, Vorname, Anrede, Titel, Straße, PLZ, Unternehmensname, Position, Telefonnummer, Handynummer, Faxnummer, E-Mail, Internetadresse einzugeben, bevor er eine einfache Nachricht absenden kann.	❑
Die Internetseite hat eine Rubrik »Aktuelles«, in der nichts Aktuelles steht.	❑

Es fehlen Fotos der wichtigen Personen.	❑
Es fehlen gute Profile der wichtigen Personen.	❑
Auf Referenzen wird vollständig verzichtet (in der Regel ein Fehler).	❑
Die Webseite enthält zu viele Menüpunkte. Vier bis sieben Menüpunkte genügen in der Regel.	❑
Die Webseite enthält eine zu tiefe Menüstruktur. Mehr als drei Ebenen sollten es nicht sein.	❑
Die Webseite enthält zu viele Menüleisten. Menüs oben und links, dazu noch unten das anklickbare Impressum verwirren und lenken ab.	❑
Die Webseite enthält zu viele Scroll-Balken.	❑

7 Broschüre

7.1 Einsatz einer Broschüre

Es gibt verschiedene Themen, Situationen und Zielgruppen, bei denen der Einsatz einer Broschüre sinnvoll ist. Anders als beim Internet können Sie bei der Broschüre mit der Auswahl von Material und Format zusätzliche Effekte erzielen. So mutet eine große 16-seitige DIN-A4-Broschüre auf gutem Papier sehr hochwertig an. Der kleine Flyer – das DIN-A4-Blatt zwei Mal gefaltet – erinnert dagegen eher an den Massagesalon um die Ecke. Anhand der folgenden Checklisten können Sie feststellen, ob in Ihrem Fall der Einsatz einer Broschüre sinnvoll ist und – wenn ja – welche Broschürenart Sie benötigen.

Checkliste: Wann eine Broschüre sinnvoll ist

Eine Broschüre ist aufwendig und anders als Ihre Internetseite nur schwer aktualisierbar. Prüfen Sie deshalb, ob eine Broschüre überhaupt sinnvoll ist.

Eine Broschüre sollten Sie einsetzen ...	**triff zu**
... wenn Ihre Zielgruppe eine Broschüre möchte. Der Verweis auf die Internetseite reicht nicht, Ihr Kunde möchte gern etwas Schriftliches in der Hand haben. *Beispiel:* Klassischerweise mag der Geschäftsführer mittelständischer Maschinenbauer eher Handfestes; er ist es gewohnt, Dinge in der Hand zu halten, und daher eher über eine Broschüre zu erreichen.	❑
... wenn es Ihr Thema oder Ihre Dienstleistung gebietet. Das gilt vor allem dann, wenn Solidität und Qualität eine wichtige Rolle spielen. *Beispiele:* Bankstrategie, Sanierung	❑
... wenn Sie eine Premiumbotschaft senden wollen. Hier gilt das »Prinzip Pfau«: Das Pfauenrad wiegt wesentlich mehr als der ganze Rest des Tieres – zeigt aber dem Weibchen, welch potenter Partner um es wirbt. Ähnlich verhält es sich im Hochpreissegment mit einer teuren, edlen Broschüre.	❑
... wenn Sie zusätzliche Botschaften vermitteln wollen. Während Ihre Internetseite eher allgemein Ihre Botschaftslinie transportiert, kann die Broschüre zusätzlich über ein spezielles Produkt informieren. *Beispiele:* • Im Internet stellen Sie sich als Vertriebstrainer vor – und zu den fünf Seminaren, die Sie anbieten, gibt es jeweils eine Broschüre. • Im Internet beschreiben Sie kurz jeweils in einem Satz Ihre drei Beratungspakete (Hochpreis-, Mittelpreis-, Niedrigpreispaket). Über die einzelnen Pakete kann eine Broschüre näher informieren.	❑

... wenn Ihr Ansprechpartner beim Kundenunternehmen ein internes Verkaufsinstrument benötigt, um Ihre Leistung seinem Vorgesetzen zu verkaufen. Mit einer Broschüre können Sie verhindern, dass der Ansprechpartner Teile Ihrer Internetseite ausdruckt und weitergibt – was in der Regel nicht gut aussieht.	❑
... wenn Sie viele Aufträge über Weiterempfehlungen akquirieren. In diesem Fall ist die Broschüre eine gute Unterlage, die Person A der Person B weitergeben kann.	❑

Checkliste: Sechs Broschürentypen – Übersicht

Für einen Berater kommen im Wesentlichen sechs Broschürenarten infrage. Wählen Sie aus, welchen Typ sie realisieren wollen.

Broschürentyp	kommt infrage
Firmenbroschüre Ähnliche Funktion wie die Internetseite: Die Firmenbroschüre stellt Ihr Unternehmen mit seinen Besonderheiten vor.	❑
Imagebroschüre Ein fortgeschrittener Baustein Ihres Marketings, denn die Imagebroschüre hebt mehr auf Emotionen als auf konkrete Inhalte ab.	❑
Produktbroschüre Fokussierung auf bestimmte Produkte: Die Produktbroschüre informiert eingehend über ein Produkt. Das kann sinnvoll sein, wenn • Sie vertiefende Informationen über Ihr Hauptprodukt geben wollen, • für eine Kundengruppe ein Produkt besonders interessant ist, • Sie ein bestimmtes Produkt gern verstärkt auf den Markt bringen wollen.	❑
Broschüre mit Zusatzinformation/Spezialinformation Sonderinformation über eine spezielle Dienstleistung: Wenn Sie aus Ihrem Bereich heraus eine besondere Dienstleistung entwickelt haben, bietet sich dieser Broschürentyp an, um Ihre Kunden zu informieren. Grundsätzlich gibt es zwei Varianten: • Sonderbroschüre für eine *spezielle Zielgruppe*. Wenn Sie zum Beispiel Vertriebstraining anbieten und wiederholt Aufträge von Pharmafirmen erhalten haben, können Sie eine Broschüre »Mehr verkaufen in der Pharmabranche« erstellen, mit der Sie sich auf diese Branche fokussieren. • Sonderbroschüre für eine spezielle Situation (Zuspitzung auf besondere Situation oder besonderen Leidensdruck). *Beispiele:* Ein Bankstrategieberater konzentriert sich das Segment »Bankstrategieberatung im Sanierungs- oder Krisenfall«. Oder ein Interimmanager spezialisiert sich auf die Sonderleistung: »Interimmanagement in Krisenzeiten«.	❑

Referenzenbroschüre Wenn Sie viele und gute Referenzen haben: Stellen Sie Kundenstimmen in einer Broschüre zusammen, lassen Sie Ihre Kunden über Ihre Leistungen erzählen.	❑
Anwenderbericht Wenn Sie Ihr Produkt erfolgreich umgesetzt haben: Machen Sie gemeinsam mit Ihrem Kunden einen Anwenderbericht, der ein erfolgreiches Projekt beschreibt und beispielhaft Ihre Leistungen beim Praxiseinsatz vor Augen führt.	❑

7.2 Firmenbroschüre

Eine Firmenbroschüre ergänzt Ihren Internetauftritt und verfolgt ebenfalls das Ziel, Ihre Besonderheiten zu kommunizieren. Dabei sind nicht nur Eigenschaften wie Papier und Format zu beachten: Da es keine Möglichkeit gibt, mit Links zu arbeiten und zusätzliche Informationen auf zwei bis drei Ebenen zu verteilen, ist die Gesamtmenge der Texte kleiner. Die Firmenbroschüre muss sich daher auf wenige Kernaussagen beschränken. Mithilfe der folgenden Checklisten können Sie Ihre Firmenbroschüre konzipieren und häufige Fehler bei der Umsetzung vermeiden.

Checkliste: Die Grundrichtung der Firmenbroschüre festlegen

Anhand dieser Checkliste legen Sie die Konzeption Ihrer Firmenbroschüre fest. Wechseln Sie hierzu die Perspektive: Was möchte der Leser von Ihnen wissen?

Was der Leser wissen möchte	Konsequenz für die Konzeption	berücksichtigt
»Was bietet dieser Berater an? « Der Leser möchte schnell und klar erfassen, welche Dienstleistung Sie anbieten.	Formulieren Sie ein bis zwei Sätze, die Ihre Leistungen sofort klarmachen. *Siehe hierzu Abschnitt 6.1, Checkliste »Wie Sie Ihre Leistung vorstellen«.*	❑
»Versteht der Berater mich?« Der Leser möchte sich verstanden fühlen. Er möchte sich als Person, in seiner Situation oder mit seinem Leidensdruck wiederfinden.	Folgende Möglichkeiten können Sie nutzen: • Sprechen Sie Ihre Zielgruppe konkret an. • Benennen Sie typische Situationen Ihrer Kunden. • Nennen Sie ein Leidensdruckthema Ihrer Kunden. *Siehe hierzu Abschnitt 6.1, Checkliste »Wie Sie den Besucher abholen«.*	❑

»Was bringt mir der Berater emotional? Ihre Broschüre sollte neben der sachlichen Problemlösung auch einen emotionalen Nutzen in Aussicht stellen.	Legen Sie den emotionalen Nutzen fest, den Sie mit Ihrer Broschüre vermitteln möchten. *Nutzen Sie hierzu die Checkliste »Wie Sie Ihre Kunden emotional binden« in Abschnitt 1.3.* Legen Sie fest, wie Sie den emotionalen Nutzen in der Broschüre vermitteln möchten: • mit konkreten Belegen, • durch Sprache und inhaltliche Darstellung, • durch Fotos und grafische Gestaltung, • durch Papier und Format der Broschüre. *Siehe hierzu Abschnitt 6.1, Checkliste »Wie Sie den emotionalen Nutzen vermitteln«.*	❑
»Was bringt mir dieser Berater für mein konkretes Problem?« Der Leser möchte den inhaltlichen Nutzen Ihres Angebots erfahren: Er will wissen, wofür genau er sein Geld ausgeben soll, welche konkreten Resultate er erwarten kann.	Beschreiben Sie den konkreten inhaltlichen Nutzen Ihres Angebots (effizientere Abläufe, kürzere Lieferzeiten, weniger Kosten ...). Folgende Formulierungen können Sie hierfür verwenden: • »Das bringt Ihnen...« oder »Für Sie konkret bedeutet das...« • »Das Ziel der Beratung ist immer ...«	❑
»Ist dieser Berater kompetent?« Der Leser möchte wissen, ob Sie die Kompetenz haben, die angebotenen Leistungen professionell zu erbringen.	Belegen Sie Ihre Kompetenz, indem Sie folgende Aspekte berücksichtigen: • Die Broschüre ist professionell gestaltet. • Die Texte sprechen die Sprache des Kunden. • Ausgewählte Projektbeispiele belegen Ihre besondere Erfahrung. • Ihr Lebenslauf stellt Ihre Kompetenzen heraus *(siehe Checkliste »Hilfreiche Fragen für Ihr Profil« in Abschnitt 6.2)*. • Sie belegen Ihre Kompetenz mit einer Referenzliste *(siehe Kapitel 9)*.	❑
»Wer steht hinter dem Angebot?« Der Leser möchte wissen, welche Persönlichkeit oder Persönlichkeiten hinter der Internetseite steht/stehen.	• Stellen Sie sich und alle wichtigen Personen Ihres Unternehmens mit einem aussagekräftigen Lebenslauf kurz vor *(siehe Checkliste »Hilfreiche Fragen für Ihr Profil« in Abschnitt 6.2)*. • Achten Sie auf gute Fotos *(mehr hierzu in Kapitel 10)*.	❑

Checkliste: Die häufigsten Fehler beim Erstellen einer Firmenbroschüre

Auf einige Punkte sollten Sie bei der Umsetzung Ihrer Firmenbroschüre besonders achten. Mithilfe der Checkliste können Sie die häufigsten Fehler vermeiden.

Fehler, die Sie vermeiden sollten	**vermieden**
Inhalt und/oder Design stehen im Widerspruch zu Ihrer Botschaftslinie.	❑
Papier und/oder Format widersprechen der Botschaftslinie (am Material wurde gespart, zum Beispiel wegen niedriger Versandkosten).	❑
Es fehlt eine klare Botschaft gleich am Anfang.	❑
Die Gliederung ist unklar und/oder unübersichtlich.	❑
Die Broschüre enthält zu viel Text.	❑
Sie sprechen zu viel über sich und Ihre Leistungen, aber zu wenig über den Kunden.	❑
Texte und Überschriften sind langweilig (Beraterdeutsch, Erklärung von Selbstverständlichkeiten – mehr hierzu in Teil V).	❑
Die Texte sind zu werblich und versuchen den Besucher zu überreden, anstatt zu einem Dialog auf Augenhöhe einzuladen.	❑
Die Broschüre wirkt überinszeniert (zu bunt, zu grell, zu laut ...).	❑
Die Broschüre wirkt unprofessionell, weil bei Gestaltung und Fotos zu sehr gespart wurde.	❑
Die Fotos sind schlecht oder nichtssagend (mehr hierzu in Kapitel 10)	❑
Es fehlen Fotos der wichtigen Personen.	❑
Es fehlen gute Profile der wichtigen Personen.	❑
Die Schrift ist zu klein und schwer lesbar.	❑
Auf Referenzen wird vollständig verzichtet (in der Regel ein Fehler).	❑
Es fehlt ein erster Schritt. Der Leser erfährt nicht, wie die Zusammenarbeit konkret beginnen kann.	❑

7.3 Imagebroschüre

Eine Imagebroschüre hat das Ziel, ein gewünschtes Bild des eigenen Unternehmens gemeinsam mit einer dazugehörenden Emotion zu transportieren. Die Imagebroschüre hat somit nicht die Aufgabe, den Leser zu informieren. Sie beschreibt weder Ihre Dienstleistung und Ihr Unternehmen noch den Leidensdruck des Kunden. Ausschließliche Aufgabe ist es, die Kernbotschaft mit den dazu festgelegten Emotionen zu vermitteln. Die Imagebroschüre können Sie an bestehende Kunden oder an Interessenten verteilen, aber zum Beispiel auch einer Pressemappe für Journalisten beilegen.

Checkliste: Die Grundrichtung der Imagebroschüre festlegen

Die Imagebroschüre realisieren Sie zusammen mit einem Mediendienstleister. Folgen Sie bei der Konzeption den hier aufgeführten Aspekten.

Kernpunkte für die Konzeption einer Imagebroschüre	berücksichtigt
Gehen Sie von Ihrer Botschaftslinie aus: • Nehmen Sie die Kernbotschaft Ihrer Botschaftslinie (siehe Abschnitt 2.1). • Nehmen Sie die hierzu festgelegte Emotion (siehe Abschnitt 1.3, »Emotionaler Nutzen«).	❑
Finden Sie Bilder, mit denen sich Botschaft und Emotion unterstreichen lassen (durch Text, mit Fotos, mit Grafik). *Anmerkung:* Anders als bei der Firmenbroschüre geht es hier darum, die Botschaft permanent in verschiedenen Facetten zu wiederholen. *Beispiel:* Die Botschaft lautet: »Ich bin Coach, um mit Führungskräften Spitzenleistungen zu erzielen.« Überlegen Sie nun, was die Spitzenleistung einer Führungskraft ausmacht. Welche Fotos und Grafiken kommen da infrage? Wo gibt es überall Spitzenleistungen? In der Natur kann es der Gepard sein, im Sport der Extremkletterer. Geeignete Fotos könnten dann der Gepard, der Extrembergsteiger sein.	❑
Ordnen Sie das Material den verschiedenen Facetten Ihrer Botschaftslinie zu.	❑
Schreiben Sie zu den Bildern kurze Texte mit spannenden Überschriften (siehe Teil V).	❑
Finden Sie zum Abschluss einen Impuls, der den Leser persönlich anspricht. *Beispiel:* Als Emotion möchten Sie »Spitzenleistung« vermitteln. Hierzu haben Sie verschiedene Facetten des Themas anhand der ausgewählten Motive (Gepard, Extrembergsteiger ...) dargestellt. Auf der letzten Seite bilden Sie nun eine Führungskraft ab und schreiben dazu: »Gehört Ihre Führungskraft auch in diese Reihe?«	❑
Beratungsunternehmen und Kontaktdaten nennen Sie am Ende der Broschüre. Es genügt ein kleiner Logo-Aufdruck auf der letzten Seite.	❑

Checkliste: Die häufigsten Fehler beim Erstellen einer Imagebroschüre

Auf einige Punkte sollten Sie bei der Umsetzung Ihrer Imagebroschüre besonders achten. Mithilfe der Checkliste können Sie die häufigsten Fehler zu vermeiden.

Fehler, die Sie vermeiden sollten	vermieden
Der Konzeption liegt keine klar definierte Botschaftslinie zugrunde. Dadurch verfehlt die Broschüre ihre gewünschte Wirkung.	
Die Broschüre versucht, anstelle einer prägnanten Botschaft zwei oder mehr Botschaften zu vermitteln.	
Die ausgewählten Motive docken nicht beim Leser an. Das heißt: Grafik, Bilder und Texte beschreiben Situationen, mit denen Ihre Zielgruppe nichts anfangen kann.	
Papier und/oder Format widersprechen der Botschaftslinie.	
Die Fotos sind schlecht oder nicht aussagekräftig.	
Die Broschüre wirkt unprofessionell, weil bei Gestaltung und Fotos zu sehr gespart wurde.	
Texte und Überschriften sind langweilig (siehe Teil V).	
Die Broschüre wirkt überinszeniert.	
Die Schrift ist zu klein und schwer lesbar.	

7.4 Produktbroschüre

Eine Produktbroschüre gibt Ihnen die Möglichkeit, eines Ihrer Produkte oder Leistungspakete vorzustellen. Während die Internetseite oder Firmenbroschüre Ihr Angebot nur kurz beschreibt, geht die Produktbroschüre ins Detail. Der Interessent erfährt hier alles Wichtige über das Produkt und dessen Besonderheiten – von der Konzeption über die Vorgehensweise bis hin zu Zeit- und Projektplänen. Die folgenden Checklisten helfen Ihnen, eine Produktbroschüre zu konzipieren und häufige Fehler bei der Umsetzung zu vermeiden.

Checkliste: Die Grundrichtung der Produktbroschüre festlegen

Anhand der Checkliste legen Sie die Konzeption Ihrer Produktbroschüre fest. Überlegen Sie bei jedem Punkt, was Ihr potenzieller Kunde wissen möchte.

Kernpunkte für die Konzeption einer Produktbroschüre	**berücksichtigt**
Das Angebot: Formulieren Sie ein bis zwei Sätze, worum es im Kern bei diesem Produkt geht.	❑
Den Leser abholen: Beschreiben Sie, in welcher Situation das Produkt hilft (Leidensdruck ansprechen).	❑
Umsetzung: Wie genau gehen Sie vor? Wie läuft das Projekt, Training oder Coaching ab? Mit welchem Zeitaufwand muss der Kunde rechnen?	❑
Kompetenz: Belegen Sie, dass Sie das Produkt professionell und erfolgreich umsetzen können. Nennen Sie hierzu Referenzstimmen, Projektbeispiele und konkrete Ergebnisse (Durchlaufzeiten um x Prozent verkürzt ...).	❑
Persönlichkeit: Der Leser möchte wissen, wer hinter dem Angebot steht. Hier genügen einige wenige Sätze aus Ihrem Profil und ein gutes Foto.	❑
Nutzen: Was bringt das Produkt dem Kunden? Machen Sie einige Aussagen über den inhaltlichen und emotionalen Nutzen.	❑
Produktnamen: Geben Sie Ihrem Produkt (wenn nicht schon geschehen) einen Namen (siehe Abschnitt 4.1)	❑

Checkliste: Die häufigsten Fehler beim Erstellen einer Produktbroschüre

Auf einige Punkte sollten Sie bei der Umsetzung Ihrer Produktbroschüre besonders achten. Mithilfe der Checkliste können Sie die häufigsten Fehler vermeiden.

Fehler, die Sie vermeiden sollten	**vermieden**
Die Broschüre holt den Leser nicht in seiner Situation oder bei seinem Leidensdruck ab, sondern beschreibt sofort die Leistung.	❑
Die Broschüre beginnt mit einer langatmigen Marktanalyse oder beschreibt die ohnehin bekannten »Zeiten des stetigen Wandels«. *Anmerkung:* Kommen Sie stattdessen direkt auf die Konsequenzen zu sprechen: »Sie stehen unter hohem Wettbewerbsdruck. Das heißt für Sie: ...« Dann folgen drei konkrete Auswirkungen, was der hohe Druck für Ihren Kunden bedeutet.	❑
Der emotionale Nutzen wird nicht angesprochen. Das Produkt ist zwar sachlich beschrieben, die Gefühle des Lesers werden jedoch nicht berührt.	❑
Die Beschreibung ist zu unkonkret. *Beispiel:* »Nach der Organisationsberatung sind Ihre Mitarbeiter zufriedener« ist unkonkret. Konkreter ist: »Durch unsere Organisationsberatung entsteht in der Regel große Klarheit über Verantwortlichkeiten, Pflichten und Privilegien jedes einzelnen Mitarbeiters. So erreichen wir eine größere Zufriedenheit durch mehr Klarheit.«	❑

Der Produktname ist schlecht, zum Bespiel weil er • Ihre Botschaftslinie nicht unterstreicht, • negative Assoziationen auslöst, • kompliziert und wenig einprägsam ist.	❑
Die Broschüre erklärt Selbstverständlichkeiten oder langweilt durch Binsenweisheiten. Stehlen Sie dem Leser keine Zeit, indem Sie in mehreren Absätzen einen eingeführten Begriff wie zum Beispiel Business-Coaching erklären.	❑
Es fehlt ein erster Schritt. Der Leser erfährt nicht, wie die Zusammenarbeit konkret beginnen kann. *Beispiel:* Ist das Produkt ein Seminar, können Sie schreiben: »Wenn das Seminar für Ihre Mitarbeiter interessant ist, schlage ich als ersten Schritt vor: Lassen Sie uns in einem Telefongespräch klären, welche Schwerpunkte für Ihr Unternehmen wichtig sind.« – Oder: » Lassen Sie uns in einem Telefongespräch klären, welche Schwachstellen wir im Seminar besonders bearbeiten müssen.«	❑
Papier und/oder Format widersprechen der Botschaftslinie.	❑
Die Fotos sind schlecht oder nicht aussagekräftig.	❑
Die Broschüre wirkt unprofessionell, weil bei Gestaltung und Fotos zu sehr gespart wurde.	❑
Texte und Überschriften sind langweilig (siehe Teil V).	❑
Die Broschüre wirkt überinszeniert.	❑
Die Schrift ist zu klein und schwer lesbar.	❑

7.5 Broschüre mit Zusatz- oder Spezialinformation

Wenn Sie aus Ihrem Bereich heraus eine besondere Dienstleistung entwickelt haben, bietet sich dieser Broschürentyp an, um Ihre Kunden zu informieren – denn Internet oder Firmenbroschüre sind in diesem Fall zu allgemein gehalten. Je nach Produkt handelt es sich um eine Sonderbroschüre für eine spezielle Zielgruppe (»Mehr verkaufen in der Pharmabranche«) oder eine Sonderbroschüre für eine spezielle Situation (»Bankstrategieberatung im Krisenfall«). Mithilfe der folgenden Checklisten können Sie Ihre Broschüre mit Zusatz- und Spezialinformationen konzipieren und häufige Fehler bei der Umsetzung vermeiden.

Checkliste: Die Grundrichtung der Broschüre mit Zusatz- oder Spezialinformation festlegen

Anhand der Checkliste legen Sie die Konzeption Ihrer Broschüre mit Zusatz- oder Spezialinformationen fest. Überlegen Sie dabei, was der Leser wissen möchte.

Kernpunkte für die Konzeption einer Broschüre mit Zusatz- oder Spezialinformation	berücksichtigt
Botschaftslinie: Das Sonderprodukt darf Ihrer Botschaftslinie nicht widersprechen. Legen Sie die Broschüre in Inhalt, Aufmachung und Design so an, dass sie Ihre Botschaftslinie unterstützt.	❑
Das Angebot: Formulieren Sie ein bis zwei Sätze, worum es im Kern bei diesem Sonderprodukt geht.	❑
Den Leser abholen: Beschreiben Sie, in welcher besonderen Situation das Produkt hilft. Beispiel: »Speziell in der Pharmabranche begegnen wir folgender Situation: ...« (Es folgt die Beschreibung der Situation und des damit verbundenen Leidensdrucks.)	❑
Umsetzung: Wie genau gehen Sie vor? Mit welchem Zeitaufwand muss der Kunde rechnen?	❑
Kompetenz: Belegen Sie, dass Sie das Produkt professionell und erfolgreich umsetzen können. Wichtig sind hier Referenzen und Projektbeispiele, die Ihre Kompetenz für die *spezielle Zuspitzung* des Produkts (auf Zielgruppe bzw. Situation) belegen.	❑
Persönlichkeit: Der Leser möchte wissen, wer hinter dem Angebot steht. Hier genügen einige wenige Sätze aus Ihrem Profil und ein gutes Foto.	❑
Nutzen: Was bringt das Produkt dem Kunden? Machen Sie einige Aussagen über den inhaltlichen und emotionalen Nutzen.	❑

Checkliste: Die häufigsten Fehler beim Erstellen einer Broschüre mit Zusatz- oder Spezialinformation

Auf einige Punkte sollten Sie bei der Umsetzung Ihrer Broschüre mit Zusatz- oder Spezialinformation besonders achten. Mithilfe der Checkliste können Sie die häufigsten Fehler vermeiden.

Fehler, die Sie vermeiden sollten	vermieden
Es fehlen Referenzen oder Projektbeispiele, die Ihre Kompetenz im ausgewählten Sonderbereich ausweisen.	❑
Die Broschüre spricht eine spezielle Zielgruppe an, spricht aber nicht die Sprache dieser Zielgruppe.	❑
Die Broschüre holt den Leser nicht in seiner Situation oder bei seinem Leidensdruck ab.	❑
Die Broschüre beginnt mit überflüssigen Erklärungen (langatmige Marktanalyse, ohnehin bekannte Ausgangslage) .	❑

Der emotionale Nutzen wird nicht angesprochen. Das Produkt ist zwar sachlich beschrieben, die Gefühle des Lesers werden jedoch nicht berührt.	❑
Es fehlt ein erster Schritt. Der Leser erfährt nicht, wie die Zusammenarbeit konkret beginnen kann.	❑
Papier und/oder Format widersprechen Botschaftslinie oder Produkt.	❑
Die Fotos sind schlecht oder nicht aussagekräftig	❑
Die Broschüre wirkt unprofessionell, weil bei Gestaltung und Fotos zu sehr gespart wurde.	❑
Texte und Überschriften sind langweilig (siehe Teil V).	❑
Die Broschüre wirkt überinszeniert.	❑
Die Schrift ist zu klein und schwer lesbar.	❑

7.6 Referenzenbroschüre

Eine Referenzenbroschüre können Sie erst erstellen, wenn Sie mindestens acht bis zehn gute Kunden haben, die Sie mit Namen, Unternehmen und Foto zitieren können. Kombiniert mit kurzen Projektbeschreibungen kann die Referenzenbroschüre dann ein hervorragendes Instrument sein, um Ihre Erfahrung und Kompetenz zu belegen und Ihre Botschaftslinie zu kommunizieren. Auch für Journalisten sind die »Stimmen der Kunden« oft das entscheidende Argument, das Sie als praxiserfahrenen Experten und damit als interessanten Interviewpartner ausweist. Mithilfe der folgenden Checklisten können Sie Ihre Referenzenbroschüre konzipieren und häufige Fehler bei der Umsetzung vermeiden.

Checkliste: Die Grundrichtung der Referenzenbroschüre festlegen

Die Referenzenbroschüre entsteht in enger Abstimmung mit Ihren Kunden. Anhand dieser Checkliste legen Sie Konzeption und Vorgehensweise fest.

Kernpunkte für die Konzeption einer Referenzenbroschüre	berücksichtigt
Die Referenzkunden müssen gezeigt und konkret benannt sein (Name, Position, Unternehmen, Foto). Stellen Sie sicher, dass Sie mindestens acht bis zehn geeignete Kunden haben.	❑
Die ausgewählten Referenzkunden müssen zu Ihrer Botschaftslinie passen.	❑

Konzipieren Sie einen einheitlichen Aufbau der Broschüre. Jede Referenz enthält: • Name, Position, Logo des Unternehmens, • kurze Info zum Projekt (zwei bis drei Zeilen), • Zitat des Kunden (circa fünf Zeilen), • Foto des Kunden.	❑
Das Zitat muss so bearbeitet sein, dass es auf Ihre Kernbotschaft verweist. *Beispiel Produktionsberater:* »Dank Ihrer Unterstützung konnten wir unsere Durchlaufzeiten um 30 Prozent verkürzen.« *Beispiel Bankstrategieberater:* »Seit Ihrer Beratung gewährt mir meine Bank ohne Probleme zusätzliche Kredite.«	❑
Inhalte dürfen sich bei den verschiedenen Zitaten nicht wiederholen, sondern sollten Ihre Botschaftslinie möglichst vollständig widerspiegeln. Lassen Sie Ihre Kunden deshalb nicht einfach schreiben, sondern: • Erstellen Sie vorher ein Konzept, welche Kernaussagen Sie benötigen. • Überlegen Sie, welche Kunden Sie für welche Aussage gewinnen können. • Besprechen Sie die gewünschten Zitate mit dem jeweiligen Kunden.	❑
Achten Sie auf professionelles Design und gute Fotos. Engagieren Sie hierzu einen Fotografen, der die Referenzkunden fotografiert.	❑

Checkliste: Die häufigsten Fehler beim Erstellen einer Referenzenbroschüre

Auf einige Punkte sollten Sie bei der Umsetzung der Referenzenbroschüre besonders achten. Mithilfe der Checkliste können Sie die häufigsten Fehler vermeiden.

Fehler, die Sie vermeiden sollten	**vermieden**
Die Zitate wiederholen sich inhaltlich.	❑
Keine einheitliche Fotosprache (Bilder der Kunden wurden verwendet, anstatt einen Fotografen zu beauftragen)	❑
Langweilige oder schlechte Bilder (»Passfotos« statt spannender Inszenierung – siehe Kapitel 10).	❑
Die Projekte sind zu allgemein beschrieben.	❑
Papier und/oder Format widersprechen der Botschaftslinie.	❑
Die Broschüre wirkt unprofessionell, weil bei Gestaltung und Fotos zu sehr gespart wurde.	❑
Überschriften sind langweilig (siehe Teil V).	❑
Die Schrift ist zu klein oder schwer lesbar.	❑

7.7 Anwenderbericht

Der Anwenderbericht beschreibt, wie Sie gemeinsam mit einem Kunden ein konkretes Problem gelöst haben. Auf sehr anschauliche Weise lernt der Leser anhand eines konkreten Falls Ihre Vorgehens- und Arbeitsweise kennen. Der Anwenderbericht entführt den Leser an den Ort des Geschehens und erlaubt ihm, dem Berater beim Einsatz seiner Methodik und seiner Instrumente über die Schulter zu schauen. Damit wird deutlich, dass der Anwenderbericht recht hohe Anforderungen an die sprachliche Inszenierung stellt. Mithilfe der folgenden Checklisten können Sie einen Anwenderbericht konzipieren und häufige Fehler bei der Umsetzung vermeiden.

Checkliste: Die Grundrichtung des Anwenderberichts festlegen

Ein Anwenderbericht informiert den Leser anschaulich und konkret über ein erfolgreiches Projekt. Wie Sie einen solchen Bericht konzipieren, zeigt diese Checkliste.

Kernpunkte für die Konzeption eines Anwenderberichts	**berücksichtigt**
Wählen Sie ein geeignetes Projekt für den Anwenderbericht aus. Achten Sie dabei auf folgende Voraussetzungen: • Das Projekt liegt auf Ihrer Botschaftslinie und deckt einen Kernbereich Ihrer Arbeit ab. • Der Kunde spielt mit und ist bereit, dass der Fall in Text und Foto unter Nennung von Namen und Firma dargestellt wird.	❑
Notieren Sie, welche Aspekte bei dem Projekt *aus dem Blickwinkel Ihres Kunden* besonders interessant waren (Leidensdruck-Situation des Kunden, Widerstände bei Mitarbeitern, Fehler, besonders gute Lösungen ...). Führen Sie hierzu ein Gespräch mit dem Kunden.	❑
Schildern Sie die Vorgehensweise und den Einsatz Ihrer Beratungsinstrumente. • Beschreiben Sie die Story so, als würde der Leser Ihnen über die Schulter schauen – und beantworten Sie ihm seine dabei auftauchenden neugierigen Fragen. • Berücksichtigen Sie die zuvor notierten Aspekte, die aus der Sicht des Lesers besonders interessant sind.	❑
Ergänzen Sie den Text durch ein Statement des Kunden (zum Beispiel in Form eines kleinen Interviews mit dem Geschäftsführer). Hier können Sie Erfahrungen und Ergebnisse des Projekts aus Kundensicht darstellen.	❑

Arbeiten Sie mit Info-Kästen, zum Beispiel: • Auflistung der konkreten Ergebnisse, • Zusammenfassung des Projektnutzens, • Eingesetzte Beratungsinstrumente, • Besonderheit Ihrer Methodik.	❑
Illustrieren Sie den Anwenderbericht mit guten Fotos: • Beauftragen Sie hierzu einen Fotografen, den Sie gut briefen. • Bilden Sie alle wichtigen Projektbeteiligten ab, die im Text mit Namen vorkommen.	❑

Checkliste: Die häufigsten Fehler beim Erstellen eines Anwenderberichts

Auf einige Punkte sollten Sie bei der Umsetzung Ihres Anwenderberichts besonders achten. Mithilfe der Checkliste können Sie die häufigsten Fehler vermeiden.

Fehler, die Sie vermeiden sollten	vermieden
Der Bericht wirkt langweilig, weil er • nicht spannend inszeniert ist, • zu wenig anschaulich ist (Beispiele, Details und Zitate fehlen), • auf »Beraterdeutsch« verfasst ist. *Nutzen Sie hierzu die Checklisten in Teil V.*	❑
Der Bericht ist zu sehr als Erfolgsstory inszeniert. Er unterschlägt kritische Phasen des Projekts und wirkt dadurch unglaubwürdig.	❑
Der Leser hat keinen konkreten Nutzen für seine eigene Situation. Zum Beispiel erfährt er nicht, an welchen Stellen bei der Umsetzung die Stolperfallen liegen.	❑
Der Anwenderbericht wirkt in Sprache und Aufmachung wie eine Werbebroschüre.	❑
Die Fotos sind schlecht, nicht aussagekräftig oder passen nicht zum Text.	❑
Die Broschüre wirkt unprofessionell, weil bei Gestaltung und Fotos zu sehr gespart wurde.	❑
Der Leser kann den Nutzen Ihrer Beratungsleistung nicht nachvollziehen.	❑
Das im Anwenderbericht beschriebene Projekt ist schlecht ausgewählt, • weil es Ihrer Botschaftslinie widerspricht, • weil es zu wenig Interessantes darüber zu berichten gibt, • weil der Kunde ein offene und objektive Berichterstattung nicht wirklich mitträgt.	❑

8 60-Sekunden-Präsentation

8.1 Einsatz einer 60-Sekunden-Präsentation

Die 60-Sekunden-Präsentation ist ein Instrument, mit dem Sie sich und Ihre Leistung innerhalb von einer Minute vorstellen können. Es handelt sich dabei um einen kleinen Film, der nicht als Video gedreht, sondern einfach anhand von Bildern und Grafiken programmiert wird – eine selbstlaufende 60-sekündige Bildschirmpräsentation. Der Film steht auf Ihrer Webseite und kann von jedem Interessenten angesehen werden. Das Entscheidende dabei: Es geht nicht darum, umfassend zu informieren, sondern neugierig zu machen. Beispiele finden Sie unter www.brennglas-beratermarketing.de. Die Umsetzung erfolgt über einen Mediengestalter, der die Präsentation programmiert.

Checkliste: Wofür Sie die 60-Sekunden-Präsentation einsetzen können

Wofür kann man die 60-Sekunden-Präsentation nutzen? Testen Sie, ob das Instrument für Sie oder Ihr Unternehmen infrage kommt.

Einsatzmöglichkeit der 60-Sekunden-Präsentation	geprüft
Ergänzung Webseite: Auf Ihrer Internetseite können Sie anhand bewegter Bilder eine bestimmte Botschaft unterstreichen.	❑
Bei Empfehlungen: Wenn jemand Sie weiterempfehlen möchte, können Sie ihm die 60-Sekunden-Präsentation zukommen lassen, damit er sie weitergeben kann – ähnlich wie eine Broschüre, nur auf elektronischem Weg und mit Ton und bewegten Bildern.	❑
Zum internen Verkaufen: Wenn Ihr Ansprechpartner beim Kundenunternehmen eine Argumentationshilfe benötigt, um Ihre Leistung seinem Vorgesetzten zu verkaufen, kann die 60-Sekunden-Präsentation sehr hilfreich sein.	❑
Bei Vorträgen: Wenn Sie einen Vortrag halten, können Sie davor oder danach die 60-Sekunden-Präsentation abspielen.	❑
Nach Telefonaten: Wenn ein Interessent bei Ihnen anfragt und Sie miteinander telefoniert haben, können Sie ihm abschließend anbieten: »Wenn Sie mögen, sende ich Ihnen per E-Mail meine 60-Sekunden-Präsentation.« Zwei Minuten später hat der Interessent dann bereits Ihre Kennenlernpräsentation erhalten.	❑
Für die Pressearbeit: Wenn ein Journalist sich für Ihre Arbeit interessiert, kann er sich anhand der 60-Sekunden-Präsentation einen ersten Eindruck verschaffen.	❑
Ersatz für Broschüre: Die 60-Sekunden-Präsentation können Sie als kostengünstige Variante für eine Standardbroschüre einsetzen. Da keine Druckkosten entstehen, ist sie in der Regel preiswerter.	❑

8.2 Realisierung einer 60-Sekunden-Präsentation

Je nach Einsatzziel sind verschiedene Varianten einer 60-Sekunden-Präsentation möglich – zum Beispiel als Firmeninformation, zur Aufbereitung eines Themas oder zur Präsentation von Referenzen. Die folgenden Checklisten unterstützen Sie bei der Umsetzung und weisen auf die häufigsten Fehler hin.

Checkliste: 60-Sekunden-Präsentation zum Einsatz als Firmeninformation

Die 60-Sekunden-Präsentation können Sie ähnlich einsetzen wie Ihre Firmenbroschüre. Die Checkliste zeigt, wie Sie in diesem Fall die Präsentation aufbauen und inszenieren.

Kernpunkte	**berücksichtigt**
Legen Sie fest, welchen Teil Ihrer Botschaftslinie (siehe Abschnitt 2.1) Sie herausstellen wollen.	❑
Beachten Sie die Regeln der Inszenierung (siehe Teil V).	❑
Sprechen Sie den Zuschauer bei seinem Leidensdruck an – und überlegen Sie, in welcher Situation Sie ihn abholen. *Anmerkung:* Die Zeit reicht nur, um *eine* Situation zu schildern. Denkbar ist, für weitere Situationen jeweils eine eigene 60-Sekunden-Präsentation zu erstellen. Das kann sinnvoll sein, wenn Ihr Angebot zum Beispiel drei typische Kundenprobleme anspricht.	❑
Beschreiben Sie den konkreten inhaltlichen Nutzen Ihres Angebots (effizientere Abläufe, kürzere Lieferzeiten, weniger Kosten ...).	❑
Legen Sie fest, wie Sie den emotionalen Nutzen vermitteln. *Nutzen Sie hierzu die Checkliste »Wie Sie Ihre Kunden emotional binden« in Abschnitt 1.3.*	❑
Schließen Sie mit einer Aufforderung an den Zuschauer: »Rufen Sie uns an unter ...« – »Mehr Informationen finden Sie unter www....«.	❑
Wenn noch Zeit bleibt: Informieren Sie kurz über sich oder das Beratungsunternehmen, ansonsten genügen Kontaktdaten und der Hinweis: »Mehr Informationen finden Sie unter www....«.	❑

Checkliste: 60-Sekunden-Präsentation zur Aufbereitung eines Themas

Ähnlich wie eine Imagebroschüre eignet sich die 60-Sekunden-Präsentation dazu, die Kernbotschaft Ihrer Botschaftslinie zu vermitteln.

Kernpunkte	**berücksichtigt**
Gehen Sie von der Kernbotschaft Ihrer Botschaftslinie aus (siehe Abschnitt 2.1).	❑
Beachten Sie die Regeln der Inszenierung (siehe Teil V).	❑
Suchen Sie nach einer Idee, um diese Botschaft anhand von Bildern, Grafiken und Text zu transportieren. *Beispiel:* Die Botschaft der Beraterin Gudrun Happich lautet »Von der Natur lernen«. Die Präsentation zeigt anhand von drei Beispielen und eindrücklichen Bildern, was ein Unternehmen von der Natur lernen kann – und verdeutlicht auf diese Weise die Kernbotschaft.	❑
Finden Sie zum Abschluss einen Impuls, der den Leser persönlich anspricht.	❑
Wenn noch Zeit bleibt: Informieren Sie kurz über sich oder das Beratungsunternehmen, ansonsten genügen Kontaktdaten und der Hinweis: »Mehr Informationen finden Sie unter www....«.	❑

Checkliste: 60-Sekunden-Präsentation zur Vorstellung von Referenzen

Aufwendig aber effektiv: In einer 60-Sekunden-Präsentation können Sie fünf bis sechs Kundenstimmen zusammenstellen. Worauf zu achten ist, gibt die Checkliste an.

Kernpunkte	**berücksichtigt**
Stellen Sie sicher, dass Sie mindestens acht bis zehn geeignete Kunden haben, die • mit ihrer Aussage Ihre Botschaftslinie unterstützen können, • mit Namen, Position, Unternehmen und Foto vorgestellt werden dürfen.	❑
Konzipieren Sie einen einheitlichen Aufbau. Jede Referenz enthält: • Name, Position, Logo des Unternehmens, • kurze Info zum Projekt, • Zitat und Foto des Kunden.	❑
Achten Sie darauf, dass die Zitate sich nicht inhaltlich wiederholen, sondern beim Zuschauer am Ende ein schlüssiges Bild Ihres Angebots hinterlassen.	❑

Achten Sie auf eine einheitliche Fotosprache. In der Regel genügt es nicht, Bildmaterial des Kunden zu verwenden.	❑
Informieren Sie abschließend kurz über sich oder das Beratungsunternehmen.	❑

Checkliste: 60-Sekunden-Präsentation – häufigste Fehler

Bei der Umsetzung der 60-Sekunden-Präsentation sollten Sie auf einige Punkte besonders achten. Mithilfe der Checkliste können Sie die häufigsten Fehler vermeiden.

Fehler, die Sie vermeiden sollten	**vermieden**
Zu viel Text. Die 60-Sekunden-Präsentation lebt von Grafik, nicht von Text. Je mehr Text, desto schlechter wird sie in der Regel.	❑
Zu viel Information. Bei 60 Sekunden Zeit müssen Sie sich auf das absolut Wesentliche beschränken.	❑
Schlechte Programmierung. Die Präsentation muss fließend sein, die Anmutung professionell.	❑
Keine oder unpassende Musik. Die 60-Sekunden-Präsentation ist ein audiovisuelles Medium, das auch das Ohr anspricht.	❑
Zu große Datei. Eine 30-Megabyte-Präsentation will niemand herunterladen!	❑
Mehr als eine Botschaft. In 60 Sekunden ist es nicht möglich, mehr als eine Botschaft zu vermitteln.	❑
Widerspruch zur Botschaftslinie. Text, Farben oder Design widersprechen ganz oder an einzelnen Stellen der Botschaftslinie.	❑
Direktversand der Datei. Die Präsentation bleibt an den Firewalls hängen. Deshalb grundsätzlich nur den Link versenden.	❑
Zu hochtrabende Ankündigung beim Versenden – nach dem Motto »Sehen Sie die Essenz meiner Arbeit in nur 60 Sekunden«. Die 60-Sekunden-Präsentation ist ein kleines Instrument, das man mit entsprechender Bescheidenheit einsetzen sollte.	❑
Texte und Überschriften sind langweilig (mehr hierzu in Teil V).	❑
Keine einheitliche Bildsprache.	❑
Langweilige oder schlechte Bilder und Grafiken.	❑

9 Referenzen

9.1 Verwendung von Referenzen

Wenn Sie häufig nach überprüfbaren Referenzen gefragt werden, weil der Kunde Ihre Kompetenz überprüfen möchte, haben Sie im Marketing etwas falsch gemacht: Man misstraut Ihrer Kompetenz. In diesem Fall sollten Sie Ihre Marketingkanäle von der Positionierung über die Inszenierung bis zur Profilierung überprüfen. (Nutzen Sie hierzu insbesondere die Checklisten in Teil I, »Positionierung und Strategie« sowie in Teil V, »Inszenierungstechniken«.) Doch auch wenn Ihr Marktauftritt stimmt und das Geschäft angelaufen ist, spielen Referenzen eine wichtige Rolle. Sie müssen mit ihnen nicht beweisen, dass Sie gut sind, entscheidend sind zwei andere Aspekte: Die Existenz von Referenzen zeigt zum einen Ihre Seriosität. Zum anderen ist jede Referenz ein Botschaftsträger, der Ihre Kernbotschaft unterstützt.

Anhand der Checklisten dieses Abschnitts können Sie feststellen, in welchen Situationen Sie unbedingt Referenzen benötigen und welches Format in Ihrer Situation sinnvoll ist.

Checkliste: Wann Sie Referenzen benötigen

Referenzen sind grundsätzlich sinnvoll und nützlich. In den hier genannten Situationen sind sie jedoch unbedingt erforderlich.

Referenzen sind unbedingt erforderlich ...	trifft zu
... wenn Sie Erfahrung kommunizieren wollen – etwa die Botschaft »Ich habe 25 Jahre Beratungserfahrung«.	❑
... wenn Sie auf eine sehr spezielle Zielgruppe zugehen (zum Beispiel nur auf Automobilzulieferer). Referenzen belegen dann Ihre Branchenkompetenz.	❑
... wenn Ihre Kunden in einer sehr schwierigen, unsicheren Situation sind (zum Beispiel Sanierung, Krisensituation) und deshalb ein hohes Maß an Sicherheit benötigen.	❑
... wenn Ihre Kunden aufgrund des Personenkreises oder der Dienstleistung viel Sicherheit benötigen und Sie Vertrauen aufbauen müssen (gilt generell beim Coaching).	❑

Checkliste: Wählen Sie das geeignete Referenzenformat

Entscheiden Sie sich für eine Form, um Ihre Referenzen darzustellen. Anhand der Checkliste können Sie feststellen, was in Ihrem Fall infrage kommt und realisierbar ist.

Format	Beschreibung	Kommt infrage
Kundenstimmen Format ist geeignet, um sich inhaltlich vom Wettbewerb abzuheben. Es gibt fünf Varianten – ausgehend vom Idealfall mit abnehmender Wirkung.	*Variante 1:* Videozitat des Kunden mit Unternehmen, Name, Position. Nach dem Muster: »Herr Müller, was halten Sie von der Zusammenarbeit mit Beratungsinstitut XY?« Antwort: »Ja, gefällt mir ausgesprochen gut, weil …«	❑
	Variante 2: Audiozitat des Kunden mit Unternehmen, Name, Position – mit Foto im Internet präsentiert.	❑
	Variante 3: Textzitat mit Foto des Kunden, Nennung von Unternehmen, Name, Position.	❑
	Variante 4: Textzitat ohne Foto des Kunden, Nennung von Unternehmen, Name, Position.	❑
	Variante 5: Textzitat anonym, ergänzt mit dem Hinweis: »Gern nenne ich Ihnen die Namen der Referenzgeber in einem persönlichen Gespräch.« (Sprechen Sie auf jeden Fall auch eine anonyme Referenz mit dem Kunden ab. Andernfalls haben Sie ein Problem, wenn jemand anruft – zumal wenn es ein Journalist ist.)	❑
Kundenliste Format ist geeignet, wenn Sie Vielfalt und Menge Ihrer Kunden demonstrieren wollen.	Das Format kommt infrage, wenn Sie mindestens 30 Referenzen anführen können, die allein durch ihre Zahl, aber auch durch Namen, Marken oder Branchen beeindrucken. Stellen Sie eine Liste auf mit Unternehmen, Name, Position – nach dem Muster: Daimler AG, Karl Müller, Vorstand Personal. Fügen Sie ggf. die Logos der Firmen hinzu.	❑

Story Format ist geeignet, wenn Sie sich inhaltlich abheben wollen – und zwar anhand eines besonders interessanten und für Ihre Arbeit typischen Projektbeispiels.	Sie erweitern eine Referenz zu einer Story. Wählen Sie hierzu bei einem Kunden ein Projekt aus, das über das Potenzial für eine spannende Geschichte verfügt und zugleich Ihre Botschaftslinie zum Ausdruck bringt. Das Format stellt hohe inhaltliche und sprachliche Anforderungen (siehe hierzu Checkliste »Wie Sie auf Ihrer Webseite Projektbeispiele darstellen«, Abschnitt 6.2).	❑

9.2 Was tun, wenn keine Referenzen da sind?

Vor allem als Berufseinsteiger befinden Sie sich in der misslichen Lage, noch über keine Referenzen zu verfügen. Dies gilt oft auch für Berater, die eine neue Zielgruppe oder ein neues Geschäftsfeld erschließen wollen. Was tun? Welche Auswege gibt es? Meist bleibt Ihnen dann nur der Weg, auf andere Weise Kompetenz zu zeigen und parallel dazu dafür zu sorgen, dass Sie Referenzen erhalten. Dieser Abschnitt gibt Ihnen eine Reihe von Anregungen, die Sie auf Ihren konkreten Fall hin überprüfen können.

Checkliste: Fünf Strategien im Falle fehlender Referenzen

Wenn Sie keine Referenzen haben, sollten Sie systematisch einen Ausweg aus dieser Situation planen. Wie Sie vorgehen können, zeigt Ihnen diese Checkliste.

Was tun, wenn noch keine Referenzen da sind?		**geprüft**
Strategie 1	*Schildern Sie selbst erlebte Projekte.* Stellen Sie Projekte dar, die Sie zum Beispiel bei Ihrer früheren Firma geleitet haben. *Beispiel:* Sie haben in einem Unternehmen Projekte geleitet und sich jetzt als Coach für Projektmanager selbstständig gemacht. • Beschreiben Sie Ihre früheren Projekte und deren Schwierigkeiten so, als wären Sie der Berater gewesen. • Stellen Sie diese Projektbeschreibungen unter dem Menüpunkt »Projektbeispiele« auf Ihre Internetseite (und lassen Sie den Menüpunkt »Referenzen« weg). • Wenn Sie ein Kunde anspricht und nach Ihren Erfahrungen fragt, können Sie einfach sagen: »Erst neulich habe ich im Projekt folgende Situation erlebt ...«	❑

Strategie 2	*Machen Sie eine abstrakte Fallanalyse.* Wenn Sie neu in den Beruf einsteigen oder mit einem neuen Thema in den Markt wollen, können Sie eine sehr konkret ausgearbeitete Fallanalyse machen. Das heißt, Sie belegen Ihre Kompetenz, indem Sie ein Problem aus der Praxis analysieren und eine konkrete Lösung vorschlagen. *Beispiel:* Ihnen fällt auf, dass viele gastronomische Betriebe schlecht funktionieren und Defizite im Marketing und Umgang mit Kunden haben. Wenn Sie als Berater in dieses Segment einsteigen wollen, können Sie folgenden Weg gehen: • Sammeln Sie Beispiele, die Sie tatsächlich beobachten – etwa nach dem Motto: »Sieben typische Fehler in Gastronomiebetrieben« – und schildern Sie dann in einigen Sätzen, wie man diese Fehler beheben kann. • Präsentieren Sie die Ergebnisse dann unter einem Menüpunkt »Sieben typische Fehler«. • Indem Sie auf diese Weise zeigen, was in der Praxis falsch gemacht wird, vermitteln Sie auch ohne Referenzen den Eindruck von Kompetenz.	❑
Strategie 3	*Führen Sie Interviews mit Experten und erfahrenen Praktikern.* Leihen Sie sich die Kompetenz der anderen, indem Sie mit ihnen Interviews führen. Im Idealfall gelingt es Ihnen, mit bekannten Vertretern der Branche Gespräche zu führen und auf Ihrer Internetseite zu veröffentlichen. *Beispiel:* Sie haben sich als Geschäftsberater für Gastronomiebetriebe selbstständig gemacht. • Führen Sie Interviews mit bekannten Gastronomen, stellen Sie dabei immer die gleichen Fragen (es genügen fünf oder sechs gut überlegte, auf Ihr Beratungsthema zugeschnittene Fragen). • Veröffentlichen Sie die Interviews unter einem Menüpunkt »Sieben Experteninterviews« oder »Sieben erfolgreiche Gastronomen«. Der Effekt: Auf diese Weise holen Sie sich Kompetenz von außen, die Sie souverän im Kundengespräch einfließen lassen können: »Sehen Sie, ich habe mit dem Stargastronomen Müller gesprochen und der hat gesagt ... – und genau das ist doch das Problem, das ich gern mit Ihnen folgendermaßen anpacken würde.«	❑
Strategie 4	*Machen Sie eine Studie.* Bauen Sie Kompetenz auf, indem Sie zu Ihrem Thema eine Befragung oder Studie machen. Sie können den Effekt verstärken, indem Sie die Ergebnisse für Presseveröffentlichungen nutzen oder in der Szene diskutieren.	❑

Strategie 5	*Finden Sie einen Weg, schnell an Referenzen zu kommen.* Versuchen Sie, möglichst schnell Referenzprojekte zu bekommen – aber sagen Sie nicht, dass Sie Einsteiger sind und Referenzen brauchen. Argumentieren Sie in etwa wie folgt: • »Es gibt ein neues Beratungsprodukt (neue Coaching-Methode, neues Seminar), das ich gerade einführe. Bevor ich damit endgültig an den Markt gehe, möchte ich das Feedback einiger Kunden einholen, um das Produkt möglicherweise noch zu verbessern.« • Schließen Sie dann eine Vereinbarung: Der Kunde erhält ein günstigeres Honorar, Sie erhalten im Gegenzug ein Feedback, das Sie auch für werbliche Zwecke nutzen dürfen.	❑

10 Fotos

10.1 Verwendung von Fotos

Die meisten Berater verwenden nur wenige Fotos – und berauben sich damit der Chance, nicht nur dem eigenen Unternehmen Gesicht, Emotion und Nähe zu geben, sondern auch ihrem Gegenüber mehr Sicherheit zu vermitteln. Die Ursache dieser Zurückhaltung liegt oft in einer ungerechtfertigten Bescheidenheit, einem für deutsche Berater typischen Hang zur Neutralität. Anstatt selbstbewusst ein konkretes Bild des eigenen Unternehmens zu zeichnen, werden lieber Sonnenblumen, lachende Menschen oder sich über ein Dokument beugende Personen an einem Besprechungstisch abgebildet. Machen Sie es besser – und überlegen Sie, wie Sie das Kommunikationsinstrument »Fotos« effektiv einsetzen. Als Berater sollten Sie über einen Fundus an Fotos verfügen, der Sie in verschiedenen Arbeitskontexten zeigt.

Checkliste: Einsatzmöglichkeiten von Fotos

Ein Berater sollte auf allen Marketingkanälen auch mit Fotos arbeiten. Legen Sie anhand der Checkliste fest, welche Einsatzmöglichkeiten Sie in Ihrem Fall verwenden wollen.

Einsatzmöglichkeit		trifft zu
Internet	Zeigen Sie Fotos von allen Beratern, die in Ihrem Unternehmen arbeiten. Stellen Sie nicht nur ein Bild neben den Lebenslauf, sondern verteilen Sie mehrere Fotos auf unterschiedlichen Seiten – bringen Sie auf diese Weise Lebendigkeit in Ihre Internetseite.	❑
Broschüren	Nutzen Sie die Fotos für Ihre Firmenbroschüre und andere Publikationen, in denen Sie sich und Ihr Unternehmen vorstellen.	❑
Presse-arbeit	Setzen Sie die Fotos für Ihre Pressearbeit ein: • Bieten Sie eine Fotoauswahl mit an, wenn Sie eine Pressemitteilung versenden. • Ein Magazin hat Sie für ein Kurzinterview am Telefon angerufen. Sagen Sie dem Redakteur, dass Sie ihm professionelle Bilder zur Verfügung stellen können. • Eine Zeitschrift veröffentlicht von Ihnen einen Fachartikel. In diesem Fall benötigen Sie ein gutes Porträtfoto.	❑

Checkliste: Umgang mit dem Fotografen

Als Berater sollten Sie sich einen Fundus an guten Fotos anlegen. Die Checkliste zeigt Ihnen, wie Sie hierfür einen professionellen Fotografen einsetzen.

Schritte	beachtet
Nehmen Sie mit einem professionellen Fotografen Kontakt auf (zum Beispiel über die Redaktion einer Zeitung oder Zeitschrift).	❑
Führen Sie ein ausführliches Briefing-Gespräch mit dem Fotografen – denn er muss verstehen, worum es Ihnen geht. • Informieren Sie ihn über Ihr Unternehmen und Ihre Botschaftslinie. • Erklären Sie ihm, wofür Sie die Bilder einsetzen möchten. *Beachten Sie hierzu auch die Hinweise im folgenden Abschnitt 10.2*	❑
Regeln Sie Honorar und Bildrechte. Achten Sie darauf, dass Sie die Fotos im Rahmen Ihrer Pressearbeit einsetzen können. Eine Zeitung oder Zeitschrift muss Ihre Bilder kostenlos und ohne Rücksprache mit dem Fotografen verwenden dürfen.	❑
Vereinbaren Sie einen Termin, an dem der Fotograf Sie, Ihre Mitarbeiter und Ihr Unternehmen »durchfotografieren« kann.	❑
Wenn der Fotograf anwesend ist, sollte der Alltag in Ihrem Unternehmen möglichst normal weitergehen – denn das Ziel sind professionelle Schnappschüsse.	❑
Lassen Sie dem (gut gebrieften!) Fotografen die Freiheit, auf seine Weise und nach seinen Ideen zu fotografieren.	❑

10.2 Regeln für Fotos

Ihre Fotos sollten professionell und vor allem authentisch wirken. Weder »verkrampfte« Studioaufnahmen noch eigene Fotografien in einem schlecht belichteten Trainingsraum sind hier angebracht. Dieser Abschnitt hilft Ihnen, beim Briefing des Fotografen und beim Fototermin selbst Fehler zu vermeiden und ein gutes Ergebnis zu erzielen.

Checkliste: Regeln für Fotos – was Sie beachten sollten

Auch wenn Sie einen professionellen Fotografen engagieren: Für gute Fotos sollten Sie die in dieser Checkliste zusammengestellten Regeln beachten.

Regel	beachtet
Vermeiden Sie abgedroschene Haltungen und Hintergründe: • nicht vor eine weiße Wand und nicht ins Fotostudio, wo man klassischerweise Privatfotos vor einem Lamellenhintergrund macht,	❑

• möglichst auch nicht vor einem Flipchart, • nicht in der typischen Rednerpose, • nicht immer nur grinsend.	❑
Achten Sie auf Vielfalt. Die Idee ist, eine Person in vielen Facetten zu zeigen – Sie benötigen daher Porträts, Halbporträts (bis zur Gürtellinie) und Ganzkörperaufnahmen.	❑
Wechseln Sie die Hintergründe (im Büro, draußen, an einem Geländer, am Besprechungstisch ...).	❑
Die Hintergründe müssen zur Botschaft passen: • Wenn Sie Lebensfreude, Zufriedenheit und ähnliche Werte vermitteln wollen, können Sie hinaus in die Natur gehen. • Wenn Sie Berater für den Textileinzelhandel sind, können Sie sich vor Ort im Textileinzelhandel fotografieren lassen (Hintergrund sollte dann verschwimmen, also auch nicht zu konkret werden). • Wenn Sie ein Industrieunternehmen beraten, können Sie sich, an einem Geländer stehend, vor einem modernen Fabrikgebäude aus Stahl, Glas und Beton ablichten lassen.	❑
Variieren Sie Gestik und Mimik – lachend, lächelnd, ernst, visionär ... • Achten Sie aber darauf, dass Gestik und Mimik stets zu Ihnen passen. • Überlegen Sie deshalb: Welche Haltungen und Bewegungen sind für Sie typisch, wenn Sie beim Kunden beraten oder präsentieren? Wie erlebt der Kunde Sie im Laufe einer Präsentation und Beratung? Diese Positionen nehmen Sie dann ein.	❑
Die Bedingungen sollten so natürlich wie möglich sein: • so wenig künstliches Licht, so wenig Blitz wie möglich, • so wenig Schminke wie möglich, • keine gestellten Positionen.	❑
Kleiden Sie sich wie an jedem anderen Tag. Wenn Ihr Outfit von Kunde zu Kunde variiert, lassen Sie sich dementsprechend in unterschiedlicher Kleidung fotografieren. Ihre Bilder sollen so aussehen, wie der Kunde Sie erlebt.	❑
Vermeiden Sie Bildbotschaften, die Ihre Zielgruppe als unpassend und unhöflich empfindet. Zeigen Sie sich zum Beispiel nicht mit Händen in den Taschen oder in einer abweisenden Körperhaltung (dem Betrachter die Schulter zeigen).	❑

11 Kurzvorstellung

11.1 Erfolgreiche Kurzvorstellung (Elevator-Pitch)

Die Situation kennen Sie: Jemand fragt Sie, was Sie beruflich machen. Sie haben ungefähr 30 Sekunden Zeit, um das Interesse des Gegenübers zu wecken. Wenn Sie nun versuchen, alle Ihre Themen und Stärken in kürzester Zeit anzubringen, ist Ihr Gesprächspartner vermutlich gelangweilt – denn er wollte keine vertonte Firmenbroschüre hören, sondern eine kurze, informative und spannende Antwort erhalten. In diesem Abschnitt erfahren Sie, wie Sie eine erfolgreiche Kurzvorstellung aufbauen. Der Kerngedanke dabei: Nicht zu viel sagen! In der kurzen Zeit, die Ihnen zur Verfügung steht, liegt Ihre einzige Chance darin, ein Dialogangebot zu machen – nach dem Prinzip: Einen Satz sagen und auf die Reaktion achten. Wenn Ihr Gegenüber interessiert aufmerkt, lassen Sie ihn einhaken.

Checkliste: Wie Sie eine Kurzvorstellung aufbauen

Die Checkliste leitet Sie dazu an, in vier Schritten die Grundelemente für eine erfolgreiche 30-Sekunden-Präsentation zu erarbeiten.

Grundelemente der Kurzvorstellung	Schritt	getan
Einleitung Wenn Sie nach Ihrem Beruf gefragt werden, beantworten Sie diese Frage kurz und einfach. Greifen Sie hierzu auf Ihre Botschaftslinie zurück (siehe Abschnitt 2.1). Geeignet sind Sätze wie: • »Ich bin Spezialist für ...« • »Ich beschäftige mich mit ...« • »Ich bin Coach. Mein Ziel ist es ...« • »Ich bin Berater und setze mich mit ... auseinander.« Machen Sie dann eine kurze Pause, um festzustellen, ob der andere weiterhin an Ihnen interessiert ist. Wenn ja, können Sie zum zweiten Element, dem Spannungsaufbau, übergehen.	Sie haben die Frage nach Ihrem Beruf kurz beantwortet.	❑

Spannungsaufbau Bauen Sie Spannung auf, indem Sie zum Beispiel eine Frage stellen oder mit einer Metapher arbeiten (siehe Teil V). *Beispiel:* Ein Unternehmensberater, dessen besondere Stärke die schnelle Umsetzung von Projekten ist, könnte nun sagen: »Mich beschäftigt vor allem eine Frage: Welches sind die drei größten Hebel, um eine schnelle Veränderung in Ihrem Unternehmen zu bewirken?«	Sie haben sofort Spannung aufgebaut, zum Beispiel durch eine Frage oder eine Metapher.	❑
Spannungsauflösung Ihr Gesprächspartner ist nun neugierig, möchte die Antwort wissen. Nun setzen Sie das dritte Element, die Spannungsauflösung, ein. Führen Sie hierbei das Augenmerk Ihres Zuhörers auf sich und Ihre Dienstleistung.	Sie haben die Spannung aufgelöst und gleichzeitig auf Ihr Produkt hingeführt.	❑
Folgeimpuls Wenn Sie das Gefühl haben, der Gesprächspartner könnte für Sie interessant sein, sollten Sie mit einem Folgeimpuls enden. *Beispiel:* »Nächste Woche halte ich einen Vortrag zum Thema hier in Hamburg, Wenn Sie möchten, schicke ich Ihnen eine Einladung.«	Sie haben einen Folgeimpuls vorgeschlagen (sofern Sie an Ihrem Gegenüber weiter Interesse haben).	❑

11.2 Erstellen Sie das Muster Ihrer Kurzpräsentation

Viele Berater tun sich mit ihrer Kurzvorstellung schwer. Häufig misslingt sie – und eine Negativspirale beginnt: Der Betreffende hat den Eindruck, er könne sich einfach nicht gut darstellen, verkrampft – und umso schlechter wird die nächste Präsentation. Es lohnt sich deshalb, wenn Sie Ihre 30-Sekunden-Vorstellung einmal gründlich erarbeiten. Anhand der folgenden Checkliste können Sie ein Muster Ihrer Kurzpräsentation erstellen.

Checkliste: Verfassen Sie Ihre eigene Kurzvorstellung

Die Checkliste gibt Ihnen das Raster vor, in das Sie Ihre eigene Kurzvorstellung schreiben können. Nehmen Sie das hier vorgestellte Beispiel als Anregung.

Schritt	Beispiel	Ihre Kurzvorstellung	erledigt
Einleitung	Ich mache Leistungstuning für Spitzenvertriebler.		❑

Spannungs-aufbau	Ich hab mich mal gefragt: Wie weit ist der beste 100-Meter-Läufer eigentlich vom zweitbesten entfernt?		❑
Spannungs-auflösung	Es sind fünf Prozent Unterschied zwischen dem Besten und dem Zweitbesten. Genauso ist es im Vertrieb: Spitzenverkäufer holen den Auftrag, weil sie fünf Prozent besser waren als der Wettbewerber.		❑
Folge-impuls	Ich habe gerade eine Checkliste dazu veröffentlicht. Soll ich Ihnen einfach mal ein Exemplar schicken?		❑

Teil III

Kürinstrumente – Kunden gewinnen und halten

12 Kontakte knüpfen und pflegen

12.1 Beratungsbrief (als Newsletter-Alternative)

Der Beratungsbrief ist ein Bindeglied: Jemand lernt Sie kennen, kommt auf Ihre Internetseite, findet Ihr Angebot interessant, möchte sich aber noch nicht bei Ihnen melden. Für einen solchen Interessenten bietet der Beratungsbrief eine gute Möglichkeit, mit Ihnen in Kontakt zu bleiben – bis sich dann irgendwann ein Anlass bietet, bei Ihnen anzufragen. Darüber hinaus ist der Beratungsbrief ein Instrument, um Stammkunden zu binden, aber auch um den Kontakt zu Journalisten zu pflegen.

Checkliste: In elf Schritten zum Beratungsbrief

Hier finden Sie eine Übersicht, wie Sie Ihren Beratungsbrief konzipieren und umsetzen. Einzelheiten folgen dann in den nächsten Checklisten.

Schritte zum Beratungsbrief	**erledigt**
Zielgruppe festlegen	❑
Rahmenparameter festlegen	❑
Leitthema und Titel festlegen	❑
Rubriken festlegen	❑
Themensammlung anlegen	❑
Themenplan erstellen	❑
Texte für zwei bis drei Ausgaben schreiben	❑
Umsetzung	❑
Programmieren, Bestellfunktion im Internet	❑
Beratungsbrief bewerben	❑
Erfolgskontrolle	❑

Checkliste: Wie Sie die Zielgruppe festlegen

Erster Schritt: Legen Sie mithilfe dieser Checkliste die Zielgruppe fest, die Sie mit dem Beratungsbrief ansprechen möchten.

Wichtige Aspekte	**beachtet**
Wählen Sie als Zielgruppe Ihre Wunsch-Kundengruppe, die für Ihr künftiges Geschäft besonders interessant ist.	❑

Leiten Sie Ihre Zielgruppe aus Ihrer Positionierung und Botschaftslinie ab (siehe Kapitel 1 und 2).	❑
Definieren Sie die Zielgruppe sehr konkret (siehe Abschnitt 1.2).	❑
Stellen Sie sich drei typische Leser vor, die zur Zielgruppe zählen, aber sehr unterschiedlich sind. Beschreiben Sie jeden der drei Leser konkret: • Wie alt ist er? • Was macht er? In welcher Position ist er? • Wie kleidet er sich? Welche Musik hört er? ... • Welche Themen bewegen ihn? Welche Leidensdruckthemen? • In welcher Situation befindet er sich? Was brennt ihm unter den Nägeln? • Welche Schwierigkeiten hat er im Alltag? Was fällt ihm leicht, was schwer? • Welche Ziele hat er? *Anmerkung:* Ein konkrete Bild des Lesers ist auch deshalb wichtig, weil Sie daran später die einzelnen Texte überprüfen können, ob sie wirklich die Zielgruppe ansprechen.	❑

Checkliste: Wie Sie die Rahmenparameter festlegen

Zweiter Schritt: Wie oft soll der Beratungsbrief erscheinen? Wie lang wird er? Wie viele Seiten hat er? Diese und andere Parameter legen Sie jetzt fest.

Wichtige Aspekte	**beachtet**
Druck oder E-Mail Entscheiden Sie, ob Sie den Beratungsbrief drucken oder elektronisch vertreiben möchten. Der Versand per E-Mail ist Standard. In Ausnahmefällen ist die gedruckte Variante sinnvoll: • Die Zielgruppe mag Gedrucktes – hat eine Affinität zu gedruckten Dokumenten, möchte gern Gedrucktes in der Hand halten. • Sie möchten mit dem Beratungsbrief eine besondere Qualitätsbotschaft verbinden. • Ihre Inhalte sind sehr exklusiv. Grundsätzlich wertet der Druck einen Beratungsbrief auf. Angenommen Sie bieten Rhetorik-Training an und haben zu diesem Thema mit sieben sehr prominenten Persönlichkeiten Interviews geführt. Wenn Sie hieraus eine kleine Serie in Form eines Beratungsbriefes machen möchten, sollten Sie dies drucken. Wenn Sie sich für Druck entscheiden, dann klären Sie ab, • ob der Beratungsbrief in gedruckter Form tatsächlich bei der Zielgruppe ankommt oder – wie bei hohen Positionen häufig der Fall – vom Sekretariat abgefangen wird, • ob das Budget vorhanden ist – denn Druck ist teurer als E-Mail.	❑

Erscheinungsweise Legen Sie die Erscheinungsweise anhand folgender Kriterien fest: • *Kundenerwartung:* Versetzen Sie sich in die Lage Ihres Kunden und überlegen Sie: Wie selten darf der Brief kommen, damit der Leser noch eine Regelmäßigkeit wahrnimmt? Und wie oft darf er kommen, damit ihn die Häufigkeit nicht nervt? In der Regel ergibt sich dann ein Zeitraum zwischen drei Wochen und drei Monaten. • *Zeitaufwand:* Schaffen Sie es, regelmäßig Zeit zu investieren – Zeit fürs Schreiben, für die Redaktion, für die Kontrolle? • *Inhalte/Substanz:* Haben Sie genug Inhalte mit Substanz? (siehe Checkliste »Themensammlung anlegen«).	❑
Umfang Legen Sie den Umfang anhand folgender Kriterien fest: • *Kundenerwartung:* Überlegen Sie, wie viel Zeit Ihr typischer Leser wahrscheinlich bereit ist, zu investieren, wenn er den Beratungsbrief *in seinem normalen Arbeitsalltag* lesen müsste – und teilen Sie diese Zeit durch drei. Wenn er bereit ist, etwa zehn Minuten zu investieren, kommen Sie auf drei DIN-A4-Seiten. (Faustformel: Für eine Seite benötigt er ungefähr drei Minuten). • *Zeitaufwand:* Je umfangreicher Sie den Beratungsbrief anlegen, desto mehr Zeit müssen Sie für Schreiben und Redaktion veranschlagen. • *Inhalte/Substanz*: Überlegen Sie, wie viele Seiten Ihre Themen regelmäßig hergeben.	❑
Externen Dienstleister einschalten In der Regel werden Sie den Beratungsbrief nicht allein herstellen. Legen Sie fest, was Sie selbst machen oder besser einem Dienstleister überlassen. Folgende Aufgaben können Sie an einen Dienstleister delegieren: • Schreiben der Texte und Redaktion, • einmaliges Design, grafische Gestaltung, • einpflegen der Formulare in die Webseite, • laufende Datenbankaktualisierung, • laufende grafische Gestaltung und Umsetzung für jede Ausgabe (Layout für Druck, HTML für Internet), • Pflege des Archivs.	❑
ISSN beantragen Für einen Beratungsbrief können Sie kostenlos eine ISSN für Zeitschriften erhalten. Das ist empfehlenswert, weil es Ihr Medium aufwertet – denn wichtige Zeitschriften haben eine solche Nummer, die meist auf dem Cover oder im Impressum abgedruckt ist. In Deutschland werden die Nummern durch die Deutsche Nationalbibliothek in Frankfurt (www.d-nb.de) vergeben.	❑

Fortlaufend oder zeitlich begrenzt? Möchten Sie den Beratungsbrief fortlaufend herausgeben oder auf eine bestimmte Anzahl von Ausgaben begrenzen? Folgende Argumente sprechen für eine begrenzte Anzahl: • Der Aufwand ist überschaubar. • Das Thema der Serie lässt sich in sich geschlossen und spannend inszenieren. Erwähnen Sie im Untertitel die Zahl der Ausgaben, um deutlich zu machen, dass es sich um ein abgeschlossenes Werk handelt. (Zum Beispiel: »Der Textilbrief in sieben Teilen.« Oder: »15 erfolgreiche Persönlichkeiten packen aus«.)	❑

Checkliste: Wie Sie Leitthema und Titel festlegen

Dritter Schritt: Bestimmen Sie für Ihren Beratungsbrief ein Leitthema. Es ist das Motto, das für alle Ausgaben des Beratungsbriefes gilt. Und finden Sie dann einen Titel.

Wichtige Aspekte	**beachtet**
Gehen Sie von Ihrer Botschaftslinie aus (siehe Abschnitt 2.1) und leiten Sie hieraus ein Leitthema für Ihren Beratungsbrief ab.	❑
Prüfen Sie, ob das Leitthema zu Ihrer Zielgruppe passt.	❑
Greift das Leitthema einen Leidensdruck, zumindest einen Bedarf der Zielgruppe auf? (Siehe Abschnitt 1.3)	❑
Finden Sie passend zum Leitthema einen Titel für den Beratungsbrief: • Folgen Sie dem Prinzip: Die erste Zeile macht neugierig, die Unterzeile liefert die Information. • Nutzen Sie in Teil V die Checkliste »Technik 2 – knackiger Titel«.	❑

Checkliste: Wie Sie die Rubriken festlegen

Vierter Schritt: Wählen Sie anhand dieser Checkliste die Rubriken aus, die Ihr Beratungsbrief enthalten soll.

Kategorie	**Beschreibung der Rubriken**	**ausgewählt**
Standardrubriken (kommen in fast jedem Beratungsbrief vor)	*Einleitungsbrief* Steigen Sie mit einem kurzen, persönlich gehaltenen Brief ein, der Unterschrift und Foto enthält. In wenigen Zeilen können Sie hier • die Bedeutung des Themas der jeweiligen Ausgabe aufzeigen,	❑

	• aus Ihrer aktuellen Situation oder Ihrem Alltag erzählen und so zum Thema hinleiten – zum Beispiel: »Gerade habe ich einen Brief bekommen ... Dabei fiel mir auf, dass ... Deshalb ist das Thema dieser Ausgabe ...«.	
	Aktuelles Diese Rubrik eröffnet die Möglichkeit, etwas Eigenwerbung einzubauen. (Sie ist der *einzige* Ort, an dem Sie dies tun sollten!) Man kann hier • auf Seminare und Vorträge hinweisen, die der Kunde buchen kann, • auf einen eigenen Artikel oder das eigene Buch hinweisen, • auf eine gerade erschienene Rezension über das eigene Buch hinweisen, • eine tolle Kundenstimme zitieren – von einem Kunden, der etwas wirklich gut fand, • über einen erfolgreichen Auftrag oder erfolgreiches Projekt bei einem renommierten Kunden berichten.	❑
	Impressum Ihr Newsletter benötigt ein Impressum, das folgende Informationen enthalten muss: • kompletter Name bzw. die vollständige Firmenbezeichnung inklusive der Rechtsform, • Adresse mit Straße, Hausnummer, Postleitzahl und Ort, • evtl. Sitz juristischer Personen und Personenvereinigungen, • Telefonnummer, Faxnummer und E-Mail-Adresse, • verantwortliche Person, bei einer GmbH der Geschäftsführer, • falls vorhanden, Registernummer und Register sowie Umsatzsteuer-Identifikationsnummer.	❑
Weitere mögliche Rubriken (wahlweise)	*Expertenbeitrag* Ein kurzer Artikel des Beraters zu einem bestimmten Thema (passend zum Leitthema des Beratungsbriefes). Der Beitrag sollte • nicht länger sein als eine halbe bis eine DIN-A4-Seite, • sehr konkrete Impulse bieten. Leitsatz: Danach muss der Leser etwas besser machen können als vorher.	❑
	Interview Interviewpartner sind in der Regel erfolgreiche Persönlichkeiten, die Sie nach ihrem Erfolgsgeheimnis fragen. Nutzen des Lesers: Er lernt vom Vorbild.	❑

	Kostenlose Besonderheiten Über diese Rubrik können Sie kostenlos eigene oder fremde Produkte anbieten, zum Beispiel ein Hörbuch, E-Book oder Checklisten – direkt mit Link zum Download bzw. Bestellmöglichkeit.	❑
	Gastbeiträge Renommierte Autoren äußern sich zum Thema. Achten Sie dabei auf den konkreten Nutzen für Ihre Zielgruppe.	❑
	Projektbeispiele Schildern Sie hier ein spannendes Projektbeispiel. *(Nutzen Sie hierzu analog die Hinweise der Checkliste »Wie Sie auf Ihrer Webseite Projektbeispiele darstellen« im Abschnitt 6.2).*	❑
	Checkliste des Monats Für jede Ausgabe können Sie eine Checkliste vorsehen, mit deren Hilfe der Leser sofort etwas besser machen kann.	❑
	Porträt Diese Rubrik enthält ein Porträt über eine besonders erfolgreiche und bekannte Persönlichkeit. Nutzen: Vom Vorbild lernen.	❑
	Buchrezensionen Hier stellen Sie ausgesuchte Bücher zum Thema vor. Wichtig dabei: Der Leser erhält nicht nur eine fundierte Meinung über das Buch, sondern auch schon einige inhaltliche Kerngedanken daraus.	❑
	Presseschau Werten Sie die aktuelle Fachpresse nach interessanten Artikeln zum Thema aus. Zum Beispiel auf folgende Weise: • »Hier sind die fünf interessantesten Artikel in diesem Monat zum Leitthema des Beratungsbriefes.« • Dann folgen jeweils Titel und Medium, einige Zeilen zu den Kerngedanken des Artikels und • ggf. als Service eine Downloadmöglichkeit oder ein Hinweis, wo der Leser den Artikel bekommen kann.	❑
	Zitat/Spruch des Monats	❑
	Foto des Monats/Kalenderblatt des Monats/Impuls des Monats (als Foto)	❑

Checkliste: Wie Sie Ihre Themensammlung anlegen

Fünfter Schritt: Legen Sie nun eine Themensammlung an. Dabei ist entscheidend, dass jedes Thema den Lesern einen sehr konkreten Nutzen bietet.

Fragen zur Themengenerierung	beantwortet
Welches sind die sieben größten Leidensdruckthemen Ihrer Leser (siehe Abschnitt 1.3)	❑
Welches Problem Ihrer Kunden können Sie am besten lösen?	❑
Welches sind Ihre fünf wichtigsten Kernkompetenzen?	❑
Gibt es zu Ihren Beratungs- oder Coachingthemen Erfolgsgeheimnisse (zum Beispiel »Die sieben wichtigsten Strategien für ...«)?	❑
Welches sind die fünf erfolgreichsten Projekte, die Sie mit Kunden umgesetzt haben?	❑
Was wird im Gebiet Ihrer Kernkompetenz immer wieder falsch gemacht?	❑
Welche aktuellen Themen und Trends gibt es in Ihrem Fachbereich? Wie denken Sie darüber?	❑
Wie lauten die drei provokativsten Thesen, die Sie zu Ihrem Fachbereich formulieren können?	❑
Was bekommt Ihr Kunde nur bei Ihnen?	❑
All Ihre sonstigen Ideen ...	❑

Checkliste: Wie Sie den Themenplan erstellen

Sechster Schritt: Ihre Themensammlung steht, nun folgt der Themenplan. Die Checkliste hilft Ihnen, die gesammelten Themen den geplanten Ausgaben und Rubriken zuzuordnen.

Wichtige Aspekte	beachtet
Wählen Sie aus Ihrer Themensammlung die Themen aus, die Sie in den nächsten vier bis sechs Ausgaben umsetzen möchten.	❑
Prüfen Sie, ob die ausgewählten Themen ❑ unter das Leitthema des Beratungsbriefes fallen, ❑ Ihre Botschaftslinie unterstützen, ❑ so aufbereitet werden können, dass Sie den Lesern einen konkreten Nutzen bieten.	❑

Ordnen Sie die Themen den verschiedenen Ausgaben und Rubriken zu. Erstellen Sie hierzu eine Tabelle (Spalten: Ausgabe 1, Ausgabe 2, ... / Zeilen: Rubrik 1, Rubrik 2, ...).	❑
Steuern Sie bei den Rahmenparametern nach (Erscheinungsrhythmus, Umfang) oder streichen Sie eine Rubrik, wenn Sie nicht genug tragfähige Themen haben.	❑

Checkliste: Wie Sie die Texte der ersten Ausgaben schreiben

Siebter Schritt: Schreiben Sie nun die Texte der ersten zwei bis drei Ausgaben. So werden Sie erkennen, welchen Aufwand Sie hierfür einkalkulieren müssen.

Regeln für das Schreiben der Texte	**beachtet**
Achten Sie bei jedem Artikel auf einen interessanten Einstieg. Holen Sie den Leser in seiner Situation oder bei seinem Leidensdruckthema ab.	❑
Schreiben Sie in klaren, verständlichen Sätzen. Bringen Sie Ihre Aussagen schnell auf den Punkt; vermeiden Sie Beraterdeutsch (mehr hierzu in Teil V).	❑
Packen Sie nicht zu viel Information in einen Artikel. Beschränken Sie sich bei jedem Text auf *eine* Botschaft oder *eine* Kernaussage.	❑
Kontrollieren Sie bei jedem Artikel, ob er einen konkreten Nutzen bietet.	❑
Schreiben Sie die Texte in der geplanten Länge.	❑
Finden Sie treffende Überschriften. Folgen Sie dabei dem Prinzip: Die Hauptzeile macht neugierig, die Unterzeile liefert die Information.	❑
Überlegen Sie, welche Abbildungen und Fotos zu den Texten passen.	❑
Lassen Sie die Texte gegenlesen: • von einem Kollegen, • von einem Kunden, • von einem Journalisten.	❑
Fassen Sie die Anregungen und Ihre eigenen Erfahrungen in einem kleinen Redaktionsleitfaden zusammen, der künftig für alle Autoren verbindlich ist.	❑
Entscheiden Sie, ob Sie künftig alle Texte weiterhin selber schreiben wollen oder einen Dienstleister (Journalisten, Ghostwriter) beauftragen möchten.	❑

Checkliste: Umsetzung einer Musterausgabe

Achter Schritt: Lassen Sie nun durch Ihren Mediendienstleister die erste Ausgabe erstellen – und über prüfen Sie das Ergebnis noch einmal kritisch anhand folgender Aspekte.

Wichtige Aspekte	beachtet
Ist der Beratungsbrief grafisch professionell umgesetzt?	❑
Passen Design und die ausgewählten Fotos zu Ihrer Botschaftslinie?	❑
Kann der Leser anhand der Überschriften schnell erkennen, welche Themen der Beratungsbrief behandelt und welchen Nutzen er erwarten darf?	❑
Sind die Rubriken und ihre Inhalte schnell und klar erfassbar?	❑
Haben alle Bilder eine Bildunterschrift und alle Grafiken eine Erklärung? (Der Leser sollte anhand der Bilder, Grafiken und Unterschriften bereits die Kerninhalte begreifen und zum Lesen des Artikels angeregt werden!)	❑
Sieht die Fußzeile des Beratungsbriefes eine Abbestellmöglichkeit vor?	❑
Erkennt der Empfänger sofort, von wem er den Beratungsbrief erhält?	❑
Weist die Betreffzeile konkret auf den aktuellen Inhalt des Beratungsbriefes hin?	❑
Im Falle eines Print-Produkts: • Sind Sie mit dem Papier zufrieden? Passt es zu Ihrer Botschaftslinie und Zielgruppe? • Welche Versandkosten entstehen bei dem vorgesehenen Format und Gewicht? Ist der Beratungsbrief im Falle des Postversands mit Blick auf das Porto optimiert?	❑
Wenn Sie selbst mit dem Ergebnis zufrieden sind, sollten Sie noch einmal das Urteil eines Profis einholen: • Gewinnen Sie einen Redakteur aus einer Fachzeitschrift, der den Beratungsbrief nach journalistischen Gesichtspunkten beurteilt. • Legen Sie mit allen Beteiligten einen Termin fest, an dem der Redakteur seine »Blattkritik« vorträgt.	❑
Setzen Sie ggf. die Vorschläge um – und holen Sie dann das Feedback von mindestens drei Kunden ein.	❑

Checkliste: Wie Sie den Beratungsbrief über Ihre Webseite anbieten

Neunter Schritt: Der Beratungsbrief ist fertig – nun müssen Sie dafür sorgen, dass er auf Ihrer Internetseite bestellt werden kann.

Wichtige Aspekte	beachtet
Legen Sie fest, wie der Beratungsbrief auf Ihrer Webseite integriert und präsentiert wird (siehe Hinweise nächste Checkliste »Wie Sie den Beratungsbrief bewerben«).	❑
Anmeldeprozedur festlegen und programmieren – diesen Part übernimmt Ihr Mediendienstleister, der hierfür eine professionelle Marketing-Software einsetzt.	❑
Achten Sie auf eine rechtssichere Automatisierung der Adressverwaltung. Es muss gewährleistet sein, • dass der Empfänger ausdrücklich einwilligt, wenn er Ihren Beratungsbrief abonniert – und dass diese Einwilligung auch protokolliert wird, • dass der Empfänger den Beratungsbrief jederzeit auf einfache Weise wieder abbestellen kann.	❑
Das Anmeldeformular darf außer der E-Mail-Adresse keine Pflichtfelder haben.	❑

Checkliste: Wie Sie den Beratungsbrief bewerben

Zehnter Schritt: Der Beratungsbrief steht auf Ihrer Webseite und wartet darauf, bestellt zu werden. Nun geht es darum, möglichst viele Anmeldungen zu erhalten.

Maßnahmen zur Gewinnung von Abonnenten	beachtet
Schaffen Sie die Möglichkeit, den Beratungsbrief einfach und schnell auf Ihrer Webseite zu bestellen. Packen Sie deshalb das Eingabefenster gleich auf die Startseite.	❑
Vermitteln Sie auf Ihrer Webseite mit einem Satz den Nutzen: Was erwartet den Bezieher des Beratungsbriefes?	❑
Versichern Sie dem Interessenten, dass er mit einem Klick den Beratungsbrief jederzeit wieder abbestellen kann.	❑
Bieten Sie ihm etwas Konkretes an, wenn er den Beratungsbrief sofort abonniert (kostenloses E-Book, Checkliste, Fachbeitrag, Video, Lernprogramm ...).	❑
Benachrichtigen Sie Ihre Kunden per E-Mail über Ihren neuen Beratungsbrief – mit der Aufforderung, ihn gleich zu abonnieren.	❑
Suchen Sie nach Partnern, auf deren Webseite Sie Ihren Beratungsbrief mit anbieten dürfen.	❑

Weisen Sie bei allen Gelegenheiten auf den Beratungsbrief hin (»Kostenloser XY-Beratungsbrief unter www....«), zum Beispiel: • am Ende eines Fachartikels, • auf dem Cover Ihres Buches, • auf Ihrer Firmenbroschüre (und anderen Print-Produkten), • in einer Zeile unter Ihrer E-Mail-Signatur, • auf der Rückseite Ihrer Visitenkarte.	❑

Checkliste: Wie Sie den Erfolg Ihres Beratungsbriefes kontrollieren

Elfter Schritt: Ein elektronisch vertriebener Beratungsbrief bietet gute Möglichkeiten, den Erfolg zu kontrollieren und zu steuern – bis hin zu einzelnen Themen.

Kriterien und Indikatoren	beachtet
Bietet Ihr Mailing-Dienstleister Ihnen aussagefähige Statistiken an? Folgende Parameter sollten enthalten sein: ❑ Anzahl der E-Mail-Adressen, ❑ Anzahl der Empfänger, die den Beratungsbrief tatsächlich erhalten (das heißt Zahl der E-Mail-Adressen abzüglich der Mails, die mit Fehlermeldung zurückkommen), ❑ Anteil der Empfänger, die den Beratungsbrief geöffnet haben (»Klickrate unique«, das heißt wenn dieselbe Person die E-Mail zwei Mal öffnet, wird nur einmal gezählt), ❑ Anteil der Empfänger, die mindestens einen Link in Ihrem Beratungsbrief angeklickt haben (»Klickrate unique«).	❑
Werten Sie aus, wie sich die Kennziffern entwickeln, die Ihnen Ihr Dienstleister mitteilt: • Steigt zum Beispiel die Zahl der Empfänger? Wie haben sich bestimmte Maßnahmen oder Ereignisse (zum Beispiel Erwähnung des Beratungsbriefes in einem Fachartikel) ausgewirkt? • Welche Ausgaben kamen besonders gut an (Beratungsbrief wurde besonders häufig geöffnet)? • Wie entwickelt sich die Klickrate? Je interessanter die Themen, desto mehr Leser klicken auf einen Link, um weitere Informationen zu erhalten.	❑
Messen Sie, welche Themen gut oder schlecht ankommen. Grundsätzlich lässt sich feststellen, wie oft ein Link in Ihrem Beratungsbrief angeklickt wird. Nutzen Sie diese Möglichkeit, um das Interesse an den einzelnen Themen festzustellen: • Der Beratungsbrief enthält nur den ersten Abschnitt eines Themas, der Rest befindet sich auf einer Internetseite. • Der erste Absatz enthält zwar eine abgeschlossene, nutzbringende Information, der zweite Abschnitt bricht aber im ersten Satz ab und verweist über einen Link auf den Schlussteil.	❑

• Bei Interesse am Thema klickt der Leser auf den Link, um sich den Rest zu holen. Nicht nur für künftige Beratungsbriefe, sondern auch für Ihre Beratungsprodukt erhalten Sie auf diesem Weg wertvolle Hinweise.	❑

12.2 Empfehlungsmarketing

Viele Berater, Trainer und Coachs halten Empfehlungen eher für einen Glücksfall. Die folgenden Checklisten helfen Ihnen, dem Glück etwas nachzuhelfen und aus Kunden aktive Empfehler zu machen. Ziel ist, den Anteil der Kunden, die aufgrund einer Empfehlung zu Ihnen kommen, systematisch zu erhöhen: Peilen Sie eine Empfehlungsrate von 80 Prozent an.

Checkliste: Fragen für ein erfolgreiches Empfehlungsmarketing

Vom Zufall zur Systematik: Die Fragen dieser Checkliste helfen Ihnen, das Empfehlungsgeschäft systematisch aufzubauen.

Fragen	beantwortet
Wie viele Kunden empfehlen Sie weiter?	❑
Wer genau hat Sie empfohlen? Und wie haben Sie sich dafür bedankt?	❑
Warum genau haben diese Kunden Sie empfohlen?	❑
Wie ist der Empfehlungsprozess im Einzelnen und ganz konkret gelaufen? • Beschreiben Sie den Prozess und identifizieren Sie die Erfolgsparameter. • Überlegen Sie, ob Sie diese Erfolgsparameter in Zukunft gezielt wiederholen können. • Leiten Sie aus diesen Erkenntnissen ganz konkrete Aktionen ab.	❑
Welche Empfehler sprechen die wirkungsvollsten Empfehlungen aus?	❑
Wie viele Kunden sind aufgrund einer Empfehlung zu Ihnen gekommen?	❑
Wie hoch ist Ihre Empfehlungsrate (Anteil der Kunden, die aufgrund einer Empfehlung zu Ihnen gekommen sind)?	❑
Wie hoch ist die Abschlussquote bei empfohlenem Geschäft?	❑
Haben Sie Empfehler in Ihrer Datenbank als solche markiert?	❑

Warum werden Sie weiterempfohlen – und warum werden Sie *nicht* empfohlen? Stellen Sie hierzu einigen Kunden in etwa folgende Fragen: • Inwieweit können Sie sich vorstellen, uns weiterzuempfehlen? • Und wenn vorstellbar, weshalb genau? • Und wenn nein: weshalb nicht? • Wenn es eine Sache gibt, für die Sie uns garantiert weiterempfehlen könnten, was wäre das für Sie? • Und wenn es eine Sache gibt, für die Sie uns ganz sicher nicht weiterempfehlen können, was wäre das konkret für Sie?	❑

In Anlehnung an Anne M. Schüller: Empfehlungsmarketing. Mehr als nur Zufall, in: Giso Weyand (Hg.): Das gewisse Extra. Beratermarketing für Fortgeschrittene, Bonn 2008, S. 223–250.

Checkliste: Wie Sie wertvolle Empfehlungen erhalten

Auch wenn ein Kunde zufrieden ist, wird er Sie nicht automatisch empfehlen. Anhand der Checkliste können Sie Maßnahmen festlegen, um das Empfehlungsgeschäft anzustoßen.

Mögliche Maßnahmen	geprüft
Geben Sie einem zufriedenen Kunden zu verstehen, dass Sie sich über eine Empfehlung freuen würden.	❑
Fragen Sie einen zufriedenen Kunden, ob er Geschäftspartner kennt, die an Ihrer Leistung ebenfalls interessiert sein könnten. Versehen Sie Ihren Wunsch mit einer Begründung. Fragen Sie zum Beispiel: »Ich möchte expandieren. Wen kennen Sie denn, der sich vielleicht für unser Angebot ebenfalls interessieren könnte?«	❑
Legen Sie sich Empfehlungsgeschichten zurecht, die Sie anonymisiert im Kundengespräch unterbringen können. Erzählen Sie beispielsweise von einem Kunden, der durch Ihre Beratungsleistung einen neuen Markt erobert hat – und erwähnen Sie beiläufig, dass dieser Kunde durch eine Empfehlung auf Sie aufmerksam wurde.	❑
Halten Sie Fachvorträge über Ihr Wissensgebiet. Können Sie Ihre Zuhörer beeindrucken, sorgt dies im Anschluss für reichlich Gesprächsstoff – und auch für Weiterempfehlungen.	❑

Setzen Sie systematisch Weiterleitungshinweise ein. • Stellen Sie Checklisten, Anwendertipps etc. auf Ihre Download-Seite – und fordern Sie dazu auf, die Information bei Gefallen über einen Weiterleitungslink auch anderen Interessenten zuzusenden. • Erwähnen Sie bei Mailings systematisch eine Personengruppe, für die das Angebot ebenfalls interessant sein könnte. Zum Beispiel: »Wenn Sie und einer Ihrer Arbeitskollegen/Freunde/Geschäftspartner sich bis zum ... für dieses Seminar anmelden, erhalten Sie den Frühbucherpreis von ... Euro. So sparen Sie ... Prozent. Und Ihre Arbeitskollegen/Freunde/Geschäftspartner sparen gleich mit.«	❑
Erstellen Sie eine Broschüre oder eine 60-Sekunden-Präsentation über Ihre Leistungen. Wenn jemand Sie weiterempfehlen möchte, können Sie ihm diese Kompaktinformation zukommen lassen, damit er sie weitergeben kann.	❑

Quelle: Schüller, Anne M.: Zukunftstrend Empfehlungsmarketing – Der beste Umsatzbeschleuniger aller Zeiten, Göttingen 2008.

13 Im Internet erfolgreich

13.1 Online-Marketing für Berater

Online-Marketing bietet Ihnen weitere Möglichkeiten, um Ihre Besonderheiten zu vermitteln, Kunden zu gewinnen und Kunden zu halten. Dies geschieht in erster Linie über eine gute Internetseite (siehe Kapitel 6). Ergänzend hierzu gibt es verschiedene Instrumente, die vor allem das Ziel haben, zusätzliche Interessenten auf Ihre Webseite zu bringen. Das fängt bei der richtigen Internetadresse an, geht über die Suchmaschinenoptimierung bis hin zum Schalten von Anzeigen über Google AdWords (diese Anzeigen erscheinen bei einer Internetsuche nach Eingabe des jeweiligen Stichworts). Klären Sie aber zunächst, in welchem Umfang Ihre Zielgruppe das Internet nutzt – und welche Bedeutung dieser Marketingkanal für Sie überhaupt hat.

Checkliste: Wie Sie den richtigen Domain-Namen finden

Auch die Internetadresse ist ein Baustein Ihres Marktauftritt. Die Checkliste gibt an, worauf Sie bei der Wahl des Domain-Namens achten sollten.

Entscheidungskriterien	beachtet
Überlegen Sie, ob Sie einen thematisch bezogenen Namen wählen (»coaching-textilhandel«). Diese Variante • ist sinnvoll, wenn Sie damit ein Alleinstellungsmerkmal oder eine Besonderheit Ihrer Botschaftslinie (Abschnitt 2.1) kommunizieren können, • hat den Vorteil, dass als Domain-Name ein Schlüsselbegriff verwendet wird, der auch für Suchmaschinen ein wichtiges Kriterium ist, • muss treffend, einfach schreibbar und einprägsam sein.	❑
Überlegen Sie, ob Sie Ihren Firmennamen oder Ihren eigenen Namen als Internetadresse wählen: • Dies ist die Regel, weil Berater, Trainer und Coachs meist ihren Namen zur Marke aufbauen möchten. • Erwägen Sie auch eine Kombination aus Thema und eigenem Namen.	❑
Wenn der eigene Name als Domain-Name bereits belegt ist, • prüfen Sie Kombinationen und Variationen aus Vor- und Nachnamen, Namen und Thema, mit und ohne Bindestrich, ggf. fügen Sie einen akademischen Grad hinzu (»dr-mueller.com). Solche Kombinationen sind meist noch verfügbar. • Falls Ihr Name als .de-Domain (oder .at-/.ch-Domain) schon weg ist, sollten Sie an die international verbreiteten .com-, .net- und .org-Domains denken.	❑
Achten Sie darauf, dass Sie durch Ihre Domain-Registrierung nicht Namens-, Marken- oder sonstige Kennzeichnungsrechte Dritter verletzen. Informieren Sie sich über die rechtlichen Klippen (www.domain-recht.de).	❑

Checkliste: Damit Sie gefunden werden – Suchmaschinenoptimierung

Die Suchmaschinenoptimierung werden Sie in der Regel einem Spezialisten überlassen. Die Checkliste nennt jedoch einige Kernpunkte, auf die es ankommt.

Aspekte der Suchmaschinenoptimierung	berücksichtigt
Je mehr andere qualitativ hochwertige Seiten auf Ihre Webseite verweisen, desto relevanter ist sie – und desto höher der Rang in den Suchmaschinen: • Finden Sie geeignete Linkpartner. • Sorgen Sie für wertvolle, hochwertige eingehende Links. • Bieten Sie nützliche Informationen an, damit Ihre Seite für mögliche Linkpartner attraktiv erscheint.	❑
Finden Sie geeignete Schlüsselwörter. Nicht immer sind die naheliegenden Schlüsselwörter die geeignetsten. Wenn sich bei einem Schlüsselwort sehr viele Anbieter um die ersten Ränge drängen, landen Sie schnell auf einem hinteren Platz. Dann ist es besser, ein zwar weniger populäres, aber ebenso relevantes Suchwort zu wählen, bei dem Sie dann ganz vorne gelistet sind.	❑
Achten Sie darauf, dass Ihre Schlüsselwörter im Fließtext, in den Überschriften und im Titel der einzelnen Seiten vorkommen – aber übertreiben Sie nicht: • Strukturieren Sie die Seiten so, dass Ihre Schlüsselwörter in Titeln und Überschriften erscheinen können. • Jede Unterseite kann und sollte einen eigenen Titel bekommen, der auf den jeweiligen Inhalt abgestimmt ist. • Vermeiden Sie aber eine Anhäufung von Schlüsselwörtern – in diesem Fall vermutet der automatische Google-Algorithmus ein »Keyword-Stuffing«, also die absichtliche Anhäufung von suchrelevanten Worten auf einer Seite. *Tipp:* Wenn Sie auf eine natürliche, abwechslungsreiche Sprache achten und wenn Sie die Seiten in erster Linie für Ihre Leser schreiben (und nicht für Suchmaschinen), liegen Sie im Allgemeinen ganz gut.	❑

Checkliste: Wie Sie mit AdWords Botschaften streuen

AdWords wird meist für Verkaufsanzeigen genutzt. Für Berater viel interessanter ist die Möglichkeit, hierüber Botschaften zu streuen und auf sich aufmerksam zu machen.

Schritte		getan
1. Schritt	Informieren Sie sich über Google AdWords (siehe http://adwords.google.de). Über AdWords können Sie vierzeilige Textanzeigen schalten, die neben den Ergebnislisten eingeblendet sind.	❑

	• Die Anzeigen sind stichwortbezogen, das heißt, die Anzeige erscheint nur bei bestimmten Suchworten. • Eine Gebühr wird nur fällig, wenn ein Interessent die Anzeige anklickt und damit auf Ihre Webseite gelangt.	❑
2. Schritt	Wählen Sie für eine AdWords-Anzeige Ihren Namen bzw. Unternehmensnamen als Schlüsselwort (sprich: Wenn ein Interessent Ihren Namen in Google eingibt, erscheint die AdWords-Anzeige neben den Suchergebnissen).	❑
3. Schritt	Packen Sie in die vierzeilige Anzeige eine Kernbotschaft, die Sie streuen möchten, zum Beispiel: • eine Beschreibung Ihrer Dienstleistung (»Coaching für den Textileinzelhandel«), • eine Besonderheit Ihres Angebots (»Olaf Hinz, seemännische Gelassenheit in Projekten«), • ein Pressezitat aus einem aktuellen Artikel (Hermann Scherer: »Ein Meister seines Fachs«), • Hinweis auf Ihr neues Buch (mit Link zu Amazon oder dem eigenen Shop).	❑

Checkliste: Wie Sie sich in einer Online-Community positionieren

Online-Communitys sind ein weiterer Puzzlestein Ihres Marktauftritt. Hier trifft sich Ihre Zielgruppe – und Sie sind mit dabei.

Schritt	Umsetzung	getan
Community auswählen	Stellen Sie fest, welche Community sich für Sie am besten eignet. Gehen Sie hierzu spielerisch an das Thema heran, testen Sie zunächst unverbindlich: • Wenn Sie möglichst viele neue Kontakte aus unterschiedlichsten Branchen gewinnen möchten, können Sie zum Beispiel die branchenneutrale Community Xing testen. • Wenn Sie innerhalb einer Branche auf dem Laufenden bleiben oder Kontakte gewinnen möchten, können Sie zum Beispiel die branchenexklusive Community Manager Lounge testen.	❑
Profil darstellen	Nutzen Sie die Chance, sich mit einem aussagekräftigen Profil in der Community zu präsentieren. *Beachten Sie hierzu die Checklisten » So erstellen Sie Ihr Faktenprofil« und »So erstellen Sie Ihre persönliche Präsentation« in Abschnitt 6.2.*	❑

Aktiv teilnehmen	Sofern Sie genügend Zeit investieren können, bietet eine Community zahlreiche Möglichkeiten für ein aktives Kontaktmanagement: • Stellen Sie fest, welche Freunde, Kommilitonen, Kollegen, Geschäftspartner oder sonstige Bekannte in der Community bereits Mitglied sind. • Knüpfen Sie neue Kontakte, gehen Sie aktiv auf andere Mitglieder zu; kontaktieren Sie zum Beispiel Besucher Ihres Profils. • Beantworten Sie Anfragen umgehend – nehmen Sie jede einzelne Anfrage mit Aufmerksamkeit und dem nötigen Respekt zur Kenntnis. • Beteiligen Sie sich in Community-Foren, präsentieren Sie sich hier als Experte. Denken Sie daran, dass Ihre Beiträge über sehr lange Zeiträume in den Foren stehen und von Freund und Feind gelesen werden. Achten Sie deshalb sorgfältig darauf, was Sie sagen und wie Sie es sagen. Lassen Sie sich auch hier von Ihrer Botschaftslinie (siehe Abschnitt 2.1) leiten.	❑

In Anlehnung an Tom Noeding: Online Communities. Networking im Internet, in: Giso Weyand (Hg.): Das gewisse Extra. Beratermarketing für Fortgeschrittene, Bonn 2008, S. 137–164.

13.2 Podcasts und Weblogs

Podcasts und Weblogs sind Instrumente, mit denen Sie auf eine sehr persönliche Weise Ihre Botschaftslinie über das Internet kommunizieren können – sofern Sie einige einschränkende Kriterien beachten (siehe folgende Checkliste). Ein *Podcast* ist eine Serie von Episoden, die kostenlos im Internet abonniert und automatisch auf einen tragbaren MP3-Player geladen werden. Der Begriff setzt sich zusammen aus dem englischen Wort »broadcast« (Rundfunkübertragung) und dem Namen des Audioplayers iPod von Apple. In einem *Weblog* können Sie ohne große technische Kenntnisse in kürzester Zeit Ihre eigenen Inhalte online publizieren. Der Begriff setzt sich aus den Worten »Web« und »Log« zusammen, wird oft auch zu »Blog« verkürzt – und drückt damit die dahinterstehende Idee eines elektronischen Log- oder Tagebuchs aus. Anders als ein normales Tagebuch enthält das Weblog Dialogfunktionen, die es Ihnen erlauben, sich direkt mit Lesern auszutauschen.

Checkliste: Podcast und Weblog – ist das überhaupt sinnvoll?

Nicht immer sind Podcast und Weblog sinnvoll. Prüfen Sie anhand der Checkliste, wie in Ihrem speziellen Fall diese Instrumente zu bewerten sind.

Beurteilungskriterien für Podcast und Weblog		trifft zu
Vier Muss-Kriterien (nur wenn Sie diese Fragen mit »Ja« beantworten, sind Podcasts und Weblogs sinnvoll)	Haben Sie die Zeit, *regelmäßig* Sendungen zu produzieren bzw. Beiträge zu schreiben?	❑
	Haben Sie die Disziplin, über Jahre hinweg dranzu bleiben? (Podcast und Weblog brauchen ein bis zwei Jahre allein als Anlaufzeit.)	❑
	Haben Sie die Zeit, sich um die Vermarktung zu kümmern? Podcasts und Weblogs werden überwiegend im Internet über Querverweise bekannt gemacht. Sie sollten daher die Disziplin und Freude mitbringen, andere Weblogs zu lesen, Podcasts zu hören und aktiv im Internet zu kommunizieren.	❑
	Wird das Instrument zumindest bei einem Großteil Ihrer Zielgruppe als seriös und kompetent wahrgenommen? Bedenken Sie: • Für viele Kunden sind Podcast und Weblog Dinge, die eigentlich nur jemand tut, der nicht wirklich erfolgreich ist – und die Zeit hat, über das Leben seines Hundes zu berichten. • Viele Entscheider haben für Weblogs schlicht keine Zeit.	❑
Vier gute Gründe, die für Podcasting und Weblog sprechen	Ihre Zielgruppe hat einen Bezug zu diesen Instrumenten (zum Beispiel wenn Sie für die Branchen IT, Telekommunikation, Medien oder für eine jüngere Zielgruppe arbeiten).	❑
	Sie möchten als Experte ein bestimmtes Thema besetzen. Dann kann es sinnvoll sein, mit einem Weblog oder Podcast • Ihre thematische Kompetenz weiter zu unterstreichen, • das Feedback der Leser bzw. Hörer als Anregungen zu nutzen, zum Beispiel für Artikel oder ein Buchprojekt.	❑
	Sie haben eine besondere Art, ein Thema zu präsentieren – und möchten diese Besonderheit als Teil Ihrer Persönlichkeit (und Botschaftslinie!) erlebbar machen.	❑
	Sie sind Coach oder Trainer und möchten mit Ihren Kunden auf eine anregende und sehr persönliche Weise in Kontakt bleiben.	❑

Checkliste: Sind Sie ein Podcaster?

Klären Sie zunächst, ob Sie tatsächlich einen Bezug zu dem Medium haben. Anhand der Checkliste können Sie testen, ob Sie das Zeug zu einem guten Podcaster haben.

Kriterien für einen guten Podcaster	**ja**	**nein**
Ich nutze bereits einen MP3-Player.	❑	❑
Ich höre bereits Podcasts oder bin neugierig und werde jetzt beginnen, Podcasts zu hören.	❑	❑
Ich bin bereit, Zeit zu investieren, um mich technisch und inhaltlich in das Medium einzuarbeiten.	❑	❑
Ich habe genug Zeit und Disziplin, um wirklich regelmäßig Podcasts zu produzieren.	❑	❑
Ich arbeite gern mit meiner Stimme.	❑	❑
Ich habe Zeit und Lust, regelmäßig ein Thema professionell aufzubereiten.	❑	❑
Ich habe interessante Themen oder Ideen, über die ich gern sprechen möchte.	❑	❑
Ich bin mir über das Ziel klar, das ich mit meinem Podcast verfolge.	❑	❑

Quelle: Nicola Fritze: Podcasts. Lassen Sie von sich hören!, in: Giso Weyand (Hg.): Das gewisse Extra. Beratermarketing für Fortgeschrittene, Bonn 2008, S. 165–189.

Checkliste: Was Sie beim Podcasting beachten sollten

Sie haben sich entschieden, Ihren ersten Podcast zu produzieren. Die Checkliste erklärt Ihnen, wie Sie nun vorgehen und was Sie beachten sollten.

Wichtige Aspekte		**beachtet**
Planung	Überlegen Sie einen Veröffentlichungszyklus, den Sie einhalten können (zum Beispiel einmal pro Woche oder einmal im Monat).	❑
	Was haben Sie zu sagen? Legen Sie das Leitthema und die Themen der einzelnen Episoden fest. • Legen Sie eine Themensammlung an, die sich an Ihrer Botschaftslinie orientiert. • Formulieren Sie die Botschaft jeder einzelnen Episode.	❑

	• Schreiben Sie zu den einzelnen Episoden *Shownotes* (also Begleitinformationen, die Sie später auf Ihre Webseite stellen; sie enthalten die Kernbotschaft der Episode sowie weitere Hinweise wie Links, Literaturtipps und Kontaktdaten des Podcasters). • Geben Sie Ihrem Podcast insgesamt sowie jeder Episode einen Titel, der neugierig macht.	❑
	Wählen Sie ein festes Format – denn es sorgt für Klarheit und hat einen Wiedererkennungseffekt. *Beispiel:* • Intro/Einleitung, • Überblick (Worum geht es heute?) • Theoretischer Teil, • Anwendungsbeispiele (Praxisbeszug), • Kritisch hinterfragt, • Zusammenfassung/Fazit, • Tipp/Zitat/Spruch des Monats, • Hinweise (zum Beispiel auf ein Seminar zu diesem Thema), • Outro/Schluss.	❑
Präsentation	Entscheiden Sie sich für eine Form der Präsentation: Skript oder frei sprechen? • Sprechen Sie frei, wenn Sie das gut und gern tun. Notieren und strukturieren Sie vor der Aufnahme Ihre Gedanken in Stichworten. • Wenn Sie lieber mit einem ausformulierten Skript arbeiten, achten Sie auf eine »gesprochene Sprache«, das heißt, schreiben Sie wie Sie, sprechen. Vermeiden Sie, dass Ihr Podcast wie abgelesen klingt. Lassen Sie Raum für spontane Äußerungen – dadurch wirken Sie lebendiger. • Achten Sie auf die Regeln einer spannenden Inszenierung (siehe Teil V).	❑
Aufnahme	Die Aufnahmesoftware ist installiert, das Mikrofon bereit. Starten Sie nun mit einem Soundtest, indem Sie die Begrüßung aufnehmen: • Stimmen Aufnahmepegel und Sound? • Ist das Mikrofon zu nahe dran oder zu weit weg? • Wie hört sich Ihre Stimme an? Machen Sie so lange Testaufnahmen, bis Sie damit zufrieden sind.	❑
	Sprechen Sie so, dass es Spaß macht, Ihnen zuzuhören.	❑
	Gehen Sie locker mit Versprechern um, das macht Sie nur menschlich.	❑

	Hören Sie sich den Podcast an, bitten Sie Freunde und Kollegen um ein Feedback.	❑
	Ein paar Takte Musik, zum Beispiel ein guter Jingle zum Start jeder Episode, schafft Stimmung und sorgt für einen Wiedererkennungseffekt (Vorsicht: Urheberrechte beachten!).	❑
Hörer gewinnen und binden	Informieren Sie Kollegen, Kunden und Freunde, dass man Sie jetzt auch im Netz hören kann.	❑
	Tragen Sie Ihren Podcast in Podcastverzeichnisse ein: • www.podcast.de, • www.podster.de, • www.itunes.de, • www.dopcast.de.	❑
	Bemühen Sie sich um Empfehlungen durch Podcast-Kollegen.	❑
	Achten Sie darauf, dass regelmäßig eine neue Episode online geht (zum Beispiel immer am Ersten eines Monats). Produzieren Sie ggf. zwei bis vier Episoden auf Vorrat.	❑
	Bitten Sie Ihre Hörer regelmäßig um Feedback – und geben Sie in Ihrem Podcast Antwort auf Hörerfragen. Lesen Sie nach Absprache auch einmal eine Hörerfrage vor.	❑

In Anlehnung an Nicola Fritze: Podcasts. Lassen Sie von sich hören!, in: Giso Weyand (Hg.): Das gewisse Extra. Beratermarketing für Fortgeschrittene, Bonn 2008, S. 165–189.

Checkliste: Sind Sie ein Weblogger?

Klären Sie zunächst, ob Sie tatsächlich einen Bezug zu dem Medium haben. Anhand der Checkliste können Sie testen, ob Sie das Zeug zu einem guten Weblogger haben.

Kriterien für einen guten Weblogger	**ja**	**nein**
Ich lese bereits regelmäßig Weblogs und finde Gefallen an dieser Publikationsform.	❑	❑
Ich bin bereit, Zeit zu investieren, um mich in das Medium einzuarbeiten.	❑	❑
Ich habe genug Zeit und Disziplin, um mehrmals in der Woche einen Beitrag zu verfassen.	❑	❑
Ich schreibe gern und verstehe es, die Dinge auf den Punkt zu bringen.	❑	❑
Networking im Internet macht mir Spaß. Es liegt mir, eingehende Kommentare zu moderieren und mich mit eigenen Kommentaren an anderen Weblogs zu beteiligen.	❑	❑
Ich habe ständig Themen, Ideen oder Erlebnisse, über die ich gern berichten möchte – und die für meine Zielgruppe interessant sind.	❑	❑
Ich bin mir über das Ziel klar, das ich mit meinem Weblog verfolge.	❑	❑

Checkliste: Was Sie beim Weblogging beachten sollten

Sie haben sich entschieden, ein Weblog einzurichten. Die Checkliste erklärt Ihnen, wie Sie nun vorgehen und was Sie beachten sollten.

Wichtige Aspekte		**beachtet**
Planung	Definieren Sie Zielgruppe, Ziele und Leitthema Ihres Weblogs. Orientieren Sie sich dabei an Ihrer Botschaftslinie (siehe Abschnitt 2.1).	❑
	Legen Sie eine Themensammlung für die ersten vier Wochen an. Überlegen Sie hierzu: • Welche Themen unterstützen Ihre Positionierung? Worin liegt das Besondere, das Sie von anderen Beratern unterscheidet? Welche Teilaspekte und Einzelthemen *mit konkretem Nutzen für den Leser* lassen sich hieraus ableiten? • Welche Veranstaltungen werden Sie im nächsten halben Jahr besuchen, über die Sie berichten können? Welche Themen stehen dort an? • Welche aktuellen Bücher, Artikel oder Beiträge anderer Weblogs fallen in Ihr Themengebiet und sollten kommentiert werden? (Halten Sie sich hier auf dem Laufenden!) • Welche Trends werden für Ihre Zielgruppe Bedeutung erlangen? Was haben Sie hierzu aus Expertensicht zu sagen? • Was können Sie aus Ihrer laufenden Arbeit berichten? Welche Details oder Begebenheiten am Rande sind spannend und berichtenswert? • Welche typischen Fehler machen Ihre Kunden, über die es sich lohnt zu berichten? Lässt sich daraus eine Serie machen? • Welche Tipps und Tricks können Sie Ihren Lesern verraten? (Sprechen Sie hier die Leidensdruckthemen Ihrer Zielgruppe an!)	❑
	Entscheiden Sie sich für einen Veröffentlichungsrhythmus, den Sie einhalten können: • Veröffentlichen Sie möglichst mehrmals die Woche, mindestens jedoch einmal pro Woche. • Planen Sie für Recherchieren und Schreiben sowie für Moderieren und Aktualisieren Ihres Weblogs etwa eine Stunde pro Tag ein.	❑
	Planen Sie gemeinsam mit Ihrem Mediendienstleister die technische Realisierung und Gestaltung. Orientieren Sie sich hierbei an Ihrer Botschaftslinie und Ihrem Corporate Design.	❑

Erfolgreich bloggen	Fangen Sie einfach an. Schreiben und veröffentlichen Sie Ihre ersten Beiträge: • Es kommt nicht auf die Länge des Artikels an. Viel wichtiger ist es, eine gute Idee zu publizieren und diese mit Links zu versehen. • Schreiben Sie anschaulich und spannend, achten Sie auf eine gute Sprache, vermeiden Sie »Beraterdeutsch« (siehe Teil V).	❑
Leser gewinnen und binden	Publizieren Sie regelmäßig – nur so können Sie Leser gewinnen und binden.	❑
	Machen Sie Ihr Weblog bekannt: • Stellen Sie über gute Kommentare in anderen Weblogs erste Beziehungen her. • Machen Sie potenzielle Leser neugierig. Inszenieren Sie zum Beispiel ein »Blog-Event«, indem Sie andere Blogger auffordern, innerhalb einer bestimmten Zeit zu einem speziellen Thema Blog-Artikel einzureichen, die Sie dann zu einem Wissensdossier bündeln. • Informieren Sie auf allen verfügbaren Wegen Ihre Kunden über das Weblog.	❑
	Verfolgen Sie anhand eines Analyse-Tools, welche Beiträge besonders gut ankommen – und orientieren Sie daran die weitere Themenauswahl: • Werten Sie die Besucherzahlen einzelner Seiten aus. • Werten Sie Zahl und Inhalt der Anfragen und Kommentare zu den einzelnen Themen aus. • Verfolgen Sie, auf welche Art sich andere Blogger auf Ihre Themen beziehen – und wer welchen Ihrer Beiträge verlinkt hat.	❑

In Anlehnung an Klaus Eck: Weblogs. Vom Tagebuch zum Marketinginstrument, in: Giso Weyand (Hg.): Das gewisse Extra. Beratermarketing für Fortgeschrittene, Bonn 2008, S. 115–135.

14 In die Medien kommen

14.1 Fachartikel

Fachartikel sind Beiträge, die unter Ihrem Namen erscheinen. Regelmäßig eingesetzt bringen sie ein hohes Renommee. Die Betonung liegt hier auf regelmäßig – denn die Wirkung beginnt, wenn Interessenten mehrfach von Ihnen lesen. Das strahlt Konstanz aus und man merkt: Sie sind ein gefragter Experte auf Ihrem Gebiet. Die Checklisten dieses Abschnitts geben Ihnen einen Leitfaden an die Hand, um künftig regelmäßig – mindestens drei- bis viermal im Jahr – einen Fachartikel zu publizieren.

Checkliste: Legen Sie eine Themensammlung an

Da Sie regelmäßig publizieren möchten, sollten Sie zunächst eine Themensammlung anlegen. Aktualisieren Sie die Liste immer dann, wenn Ihnen eine neue Idee begegnet.

Fragen zur Themengenerierung	beantwortet
Welches sind die sieben größten Leidensdruckthemen Ihrer Leser (siehe Abschnitt 1.3)?	❑
Welches Problem Ihrer Kunden können Sie am besten lösen?	❑
Welches sind Ihre fünf wichtigsten Kernkompetenzen?	❑
Gibt es zu Ihren Beratungs- oder Coachingthemen Erfolgsgeheimnisse (zum Beispiel »Die sieben wichtigsten Strategien für …«)?	❑
Welches sind die fünf erfolgreichsten Projekte, die Sie mit Kunden umgesetzt haben?	❑
Was wird im Gebiet Ihrer Kernkompetenz immer wieder falsch gemacht?	❑
Welche aktuellen Themen und Trends gibt es in Ihrem Fachbereich? Wie denken Sie darüber?	❑
Wie lauten die drei provokativsten Thesen, die Sie zu Ihrem Fachbereich formulieren können?	❑
Was bekommt Ihr Kunde nur bei Ihnen?	❑
Worüber schreiben und referieren Kollegen? Welche Experten publizieren zu Ihrem Kernthema? Welche Aspekte können Sie aufgreifen und mit Ihren Erfahrungen »weiterdrehen«?	❑
Ihre weiteren Ideen …	❑

Checkliste: Wie Sie aus den Themen Artikelideen machen

Die Themensammlung haben Sie erstellt. Nun geht es darum, hieraus konkrete Artikelideen abzuleiten, mit denen Sie eine Redaktion überzeugen können.

Schritt	erledigt
Überlegen Sie anhand der Themensammlung, welche Zielrichtung die daraus abgeleiteten Artikel haben könnten. Ein Artikel kann zum Beispiel • eine provokative These in die Welt setzen, mit der Sie Aufsehen erregen wollen (und die natürlich in Ihre Botschaftslinie passen muss), • einen besonderen Erfolgshebel herausstellen, den Sie entwickelt und umgesetzt haben, • Stolperfallen zeigen, auf die Ihre Leser besonders achten sollten, • ein konkretes Projektbeispiel schildern, aus dem sich besonders viel lernen lässt, • Ergebnisse einer Befragung oder von Interviews vorstellen, • eine Studie analysieren und deren konkrete Konsequenzen aufzeigen.	❑
Halten Sie in Stichworten fest, welchen konkreten Nutzen der Leser bei den einzelnen Themen hat. Welche Themen versprechen einen besonders hohen Nutzen?	❑
Formulieren Sie zu jedem Thema in einem Satz die Botschaft. Welche Kernaussage möchten Sie vermitteln?	❑
Stellen Sie bei jedem Thema den Neuigkeitswert heraus: • Was ist das Neue an dem Thema? • Welcher Aspekt ist noch unbekannt? • Warum ist dieser neue Aspekt so wichtig?	❑
Suchen Sie zu jedem Thema einen Aufhänger. Warum soll ein Redakteur das Thema gerade jetzt aufgreifen? *Beispiele:* bevorstehender Kongress, Ergebnisse einer noch unveröffentlichten Studie, neuer Aspekt zu aktueller Diskussion, bevorstehende Gesetzesänderung, unerwartete Konsequenz eines aktuellen Trends, neuer Trend mit Folgen, Leidensdruckthema bei vielen Lesern.	❑
Sichten Sie Ihre Artikelideen nach folgenden Aspekten: • Relevanz: Konkreter Nutzen für sehr viele Leser. • Neuigkeitswert: Der Artikel enthält interessante Aspekte, die wirklich neu sind. • Aktueller Anlass: Es gibt einen guten Grund, das Thema gerade jetzt zu veröffentlichen. Welche Ihrer Themen erfüllen diese drei Kriterien besonders gut?	❑

Checkliste: Wie Sie die richtigen Zeitschriften finden

Ein Artikel kostet Zeit und Mühe. Ob er auch gelesen wird, hängt nicht zuletzt von der Wahl der richtigen Zeitschrift ab. Die Checkliste zeigt, wie Sie diese identifizieren.

Schritt	erledigt
Legen Sie fest, bei welchen Zielgruppen Sie durch Fachartikel bekannt werden wollen. Gehen Sie hierbei von Ihrer Botschaftslinie aus (Abschnitt 2.1).	❑
Sondieren Sie, welche Medien für Sie grundsätzlich infrage kommen: • Online-Medien (*Anmerkung:* Veröffentlichungen auf Internetplattformen wie www.competence-site.de oder www.business-wissen.de können als Einstieg sinnvoll sein, da die Auswahl weniger streng erfolgt und Sie erste Einträge in Ihrer Publikationsliste erhalten.), • Branchen-Medien, zum Beispiel »Der kleine Maschinenbauer«, • Verbandsmedien, • Unternehmensinterne Medien (zum Beispiel Mitarbeiterzeitschriften Ihrer Kunden).	❑
Treffen Sie eine erste Auswahl, indem Sie • bei Ihrer Zielgruppe nachfragen, welche Medien sie lesen und warum sie bestimmte Medien bevorzugen, • die Bedeutung der genannten Medien überprüfen (Internetrecherche, eine Ausgabe selbst durchsehen, ggf. Journalisten fragen).	❑
Analysieren Sie die ausgewählten Zeitschriften nach folgenden Kriterien – und grenzen Sie Ihre Auswahl weiter ein: • Enthält die Zeitschrift Namensbeiträge von Beratern oder anderen Experten? (Wenn nicht, scheidet diese Zeitschrift aus Ihrer Vorauswahl aus!) • Wie groß ist die Auflage? Erreicht die Zeitschrift tatsächlich einen großen Teil der von Ihnen gewünschten Zielgruppe? • Passt Ihr Thema in die Zeitschrift? In welcher Rubrik könnte ein Beitrag von Ihnen erscheinen? • Gefallen Ihnen Aufmachung, Layout, Länge der Beiträge? Erscheinen zum Beispiel Namensartikel standardmäßig mit dem Foto des Autors?	❑
Recherchieren Sie bei den infrage kommenden Zeitschriften, welche Schwerpunktthemen in den nächsten Monaten anstehen: • Rufen Sie hierzu im Internet die Mediadaten auf, dort finden Sie auch das Redaktionsprogramm mit den Schwerpunktthemen des aktuellen Jahres. • Passt die eine oder andere Ihrer Themenideen zu einem der geplanten Schwerpunktthemen? (Bis zum Erscheinen sollten noch mindestens drei Monate liegen.) • Wenn ja, haben Sie einen hervorragenden Anlass, mit dem zuständigen Redakteur Kontakt aufzunehmen! • Wenn nein, haben Sie keinen hervorragenden Anlass – nehmen aber trotzdem Kontakt auf.	❑

Checkliste: Das Exposé – den Redakteur überzeugen

Thema und Zeitschrift stehen fest. Bevor Sie nun den Artikel schreiben, überzeugen Sie den zuständigen Redakteur mit einer Kurzübersicht (Exposé) zum Artikel.

Schritt	erledigt
Formulieren Sie eine Schlagzeile und eine Unterzeile, die dem Redakteur klar sagen, worum es in dem Text geht. Das Exposé muss auf den ersten Blick sein Interesse wecken.	❑
Gehen Sie kurz auf die Besonderheit des Themas ein: • Machen Sie zum Beispiel deutlich, dass dem angebotenen Artikel eine hier erstmals veröffentlichte Studie, eine neuartige Problemlösung oder ein Modellprojekt zugrunde liegt. • Versuchen Sie, dem Redakteur den Neuigkeitswert deutlich zu machen, der mit Ihrem Artikel verbunden ist.	❑
Stellen Sie nun das Thema in wenigen Sätzen vor: • Nennen Sie die Botschaft oder Kernaussage des Beitrags. • Spitzen Sie zu, dramatisieren Sie das Thema. (Es geht hier nicht um den später gedruckten Text, sondern darum, die Aufmerksamkeit des Redakteurs zu wecken. Wissenschaftlich vornehme Zurückhaltung ist an dieser Stelle nicht angebracht.) • Machen Sie deutlich, welchen Nutzen der Leser von dem Artikel hat.	❑
Stellen Sie nun sich und ggf. Ihren Co-Autor vor: • Nennen Sie Name, Titel, Funktion. • Schreiben Sie eventuell noch einen Satz, der begründet, warum gerade Sie und Ihr Co-Autor für dieses Thema kompetent sind. • Geben Sie Ihre Webadresse an, über die sich der Redakteur näher über Sie und Ihre Tätigkeit informieren kann.	❑
Vergessen Sie nicht Ihre Kontaktdaten einschließlich einer Telefonnummer, über die Sie der Redakteur möglichst jederzeit erreichen kann	❑

Checkliste: Kontaktaufnahme und Absprache mit dem Redakteur

Nehmen Sie nun Kontakt mit dem zuständigen Redakteur auf. Wenn er an dem Thema Interesse hat, treffen Sie mit ihm eine klare Absprache.

Schritt	erledigt
Finden Sie den zuständigen Redakteur heraus. Meist genügt ein Blick ins Impressum oder ins Internet. Erfragen Sie gegebenenfalls die E-Mail-Adresse.	❑
Senden Sie das Exposé per E-Mail mit einem kurzen Begleittext, der die Neugier des Redakteurs weckt und ihn dazu bewegt, das Exposé zu lesen. • Schreiben Sie in die Betreffzeile »Artikelvorschlag: ...«	❑

• Wenn möglich nehmen Sie auf ein von der Redaktion geplantes Schwerpunktthema Bezug, in das der von Ihnen angebotene Beitrag gut passen könnte (andernfalls sagen Sie einfach, dass Sie ein Thema vorschlagen, von dem Sie glauben, dass es für die Leser interessant ist). • Fassen Sie in einem Satz zusammen, worum es bei dem Thema geht, und verweisen Sie auf das Exposé. • Machen Sie deutlich, dass Sie den Artikel kurzfristig realisieren können und dabei gern auch die Wünsche des Redakteurs berücksichtigen. • Sagen Sie schließlich, dass Sie für Rückfragen persönlich zur Verfügung stehen – und geben Sie eine Telefonnummer an.	
Rufen Sie den Redakteur nach ein bis drei Wochen an, wenn Sie keine Antwort erhalten haben.	❑
Wenn der Redakteur Interesse an Ihrem Thema hat, sollten Sie gleich eine klare Absprache treffen. Vereinbaren Sie • die Länge des Artikels (in Zeichen), • den spätesten Abgabetermin. Wahrscheinlich gibt Ihnen der Redakteur dann noch ein paar Hinweise oder mailt Ihnen – sofern es das bei dieser Zeitschrift gibt – die Autorenrichtlinien zu. Halten Sie sich dann daran.	❑

Checkliste: Wie Sie einen guten Artikel schreiben

Die Zusage ist da, Sie kennen Umfang und Abgabetermin Ihres Artikels. Nun kommt es darauf an, einen Text zu erstellen, der die Erwartungen des Redakteurs erfüllt.

Kriterien für einen gute Artikel	**beachtet**
Nehmen Sie einen Artikel der Zeitschrift, für die Sie schreiben, als Vorlage. Folgen Sie einfach diesem Muster: • Wie sind die Überschriften gemacht? • Gibt es einen Vorspann? Welche Länge hat dieser in etwa? • Hat der Artikel Zwischenüberschriften, wenn ja, sind sie ein- oder zweizeilig? • Welche Elemente hat der Artikel, gibt es zum Beispiel Textkästen und Checklisten? • Wie ist der Artikel aufgebaut und gegliedert?	❑
Ein Fachartikel ist keine Werbeschrift: • Vermeiden Sie jeden werblichen Unterton (dies gelingt Ihnen am einfachsten, wenn Sie sich strikt am Interesse und Nutzen des Lesers orientieren). • Halten Sie sich mit Ihren eigenen Leistungen zurück, Ihre Beratungsleistung darf bei einer Projektbeschreibung keinesfalls im Vordergrund stehen.	❑
Achten Sie auf einen klaren Aufbau. Inszenieren Sie Ihren Artikel spannend und schreiben Sie gut verständlich (siehe Teil V).	❑
Machen Sie deutlich, dass Sie Praktiker sind. Arbeiten Sie deshalb in Ihrem Text mit konkreten, selbst erlebten Beispielen. Beschreiben Sie Details.	❑

Bringen Sie Zahlen, Daten und Fakten. (Schreiben Sie nicht: »Die Durchlaufzeiten wurden erheblich reduziert«, sondern: »... um fast 40 Prozent reduziert«.)	❑
Wenn der Artikelentwurf fertig ist: • Lassen Sie ihn von einem Kollegen oder – noch besser – von einem Journalisten gegenlesen. • Prüfen Sie, ob Sie die vereinbarte Länge eingehalten haben. Kürzen Sie, wenn der Beitrag zu lang geworden ist.	❑
Halten Sie den Abgabetermin unter allen Umständen ein. Rufen Sie den Redakteur mindestens eine Woche vorher an, wenn Sie es nicht rechtzeitig schaffen.	❑
Hat der Redakteur eine Woche nach der Abgabe noch nichts von sich hören lassen, fragen Sie nach, ob der Artikel gut angekommen ist und seinen Vorstellungen entspricht.	❑

14.2 Renommierte Medien

Stimmen Thema, Kompetenz und Herangehensweise, haben Berater durchaus eine Chance, auch bei manager magazin, WirtschaftsWoche und Co. zu erscheinen. Zwischen Fachzeitschriften und den großen Wirtschaftsmagazinen, aber auch Zeitungen wie Handelsblatt oder FAZ gibt es einen entscheidenden Unterschied: Die Redakteure der großen Magazine und Zeitungen schreiben in aller Regel die Artikel selbst, Fremdautoren kommen nur in begründeten Ausnahmefällen oder einigen wenigen Rubriken zum Zuge. Stattdessen zitiert der Redakteur Unternehmer, Praktiker, Wissenschaftler und andere Experten in seinen Artikeln. Damit ist klar: Einen eigenen Artikel werden Sie in den renommierten Medien kaum platzieren. Ihr Ziel sollte deshalb sein, hin und wieder in einem Artikel als Experte aufzutauchen – mit ein oder zwei Zitaten, im Idealfall auch mit einem kurzen Interview, vielleicht sogar mit Foto. Was Sie dabei wissen und worauf Sie achten sollten, erfahren Sie in diesem Abschnitt.

Checkliste: Beachten Sie die Spielregeln

Die renommierten Medien sind eine Welt mit eigenen Gesetzen, der Umgang mit ihnen ist nicht ganz gefahrlos. Die Checkliste hilft Ihnen, die Risiken zu erkennen.

Spielregel	**zur Kenntnis genommen**
Oft bleibt nur ein Satz – oder nicht einmal der. Eine Magazinredaktion recherchiert in der Regel mehr Informationen, als sie später für den Artikel verwendet. Es kommt deshalb häufig vor, dass ein Gesprächspartner am Ende nicht oder nur mit einem kurzen Zitat im Artikel vorkommt.	❑

Sie haben keinen Einfluss auf die Verwendung Ihrer Informationen. Eine Redaktion kann Ihre Äußerungen in einen neuen, Ihnen möglicherweise unangenehmen Kontext stellen. Grundsätzlich entscheidet der Redakteur, in welchen Zusammenhang er Ihre Informationen stellt – und Sie haben keinerlei Einfluss darauf.	❑
Gesagt ist gesagt. Eine Äußerung, die Sie einmal vor einem Journalisten gemacht haben, können Sie nicht mehr aus der Welt schaffen. Sie müssen damit rechnen, dass das Gesagte genauso erscheint, wie Sie es gesagt haben.	❑
Es besteht keine Möglichkeit, den Artikel vor Drucklegung noch einmal durchzulesen: • Im Unterschied zu Fachzeitschriften ist es absolut unüblich, einen Artikel oder auch nur Teile davon vor Drucklegung noch einmal zur Durchsicht zu erhalten. Ein Magazinredakteur wird Ihnen diesen Wunsch stets abschlagen. • Allenfalls können Sie den Redakteur darum bitten, dass er die wörtlichen Zitate noch einmal mit Ihnen abstimmt. Doch auch darauf muss er sich nicht einlassen.	❑

Checkliste: Wie Sie die Redaktion überzeugen

Nur wenige Themenvorschläge finden ihren Weg ins Blatt. Wenn Sie folgende sieben Leitfragen beantworten, steigt Ihre Chance, den Redakteur zu überzeugen.

Leitfragen	Hintergrund	beantwortet
1. Ist das Thema für die Redaktion relevant?	Wichtig, aktuell, neu, spannend, exklusiv, nutzbringend – das sind die Kriterien, nach denen eine Redaktion tagaus, tagein mögliche Themen prüft. Das bedeutet für Ihr Thema: • Worin liegt das Besondere? Zeichnet sich zum Beispiel ein neuer Trend ab? Mit welchen Konsequenzen? Argumentieren Sie dabei aus der Sicht der Magazinleser. • Bieten Sie etwas Neues exklusiv an, zum Beispiel die Ergebnisse einer Studie. Oder noch besser: Beziehen Sie das Magazin bereits im Vorfeld in die Studie mit ein (»gemeinsame Studie von WirtschaftsWoche, Universität X und Beratungsgesellschaft Y«). • Prüfen Sie auch, ob über das Thema in letzter Zeit schon einmal berichtet wurde. Wenn ja, worin liegt dann der spezifische Aspekt, der es rechtfertigt, das Thema erneut aufzugreifen?	❑

2. Bin ich wirklich Experte für das vorgeschlagene Thema?	Es ist Ihre Rolle als praxisnaher Experte, die ein Magazinredakteur an Ihnen schätzt. Genau darin liegt Ihre besondere Stärke, die Sie dem Redakteur gegenüber ausspielen sollten. Grundsätzlich benötigt der Redakteur für ein Thema *Expertenzitate*, *Studien* und *Praxisbeispiele*.	❑
3. Kann ich dem Redakteur Unternehmensbeispiele nennen, die mein Thema belegen?	Jeden Tag wenden sich zahlreiche Berater an eine Redaktion – alle letztlich mit dem Ziel, dass ihr Name in einem Artikel erscheint. Der Redakteur muss also eine radikale Auswahl treffen. Sobald ein Berater ihm ein Thema vorträgt, wird er deshalb in aller Regel fragen, ob dieser ihm auch einige Unternehmensbeispiele mit Namen und Ansprechpartner nennen kann. Die meisten Berater müssen an dieser Stelle passen – und damit hat sich die Geschichte erledigt.	❑
4. Kenne ich zwei bis drei Unternehmenschefs, die ich für ein Gespräch zu diesem Thema mit dem Redakteur gewinnen kann?	Wenn Sie einer Redaktion ein Thema anbieten, sollten Sie immer durchblicken lassen, dass Sie aus Ihrer Beratungspraxis heraus über gute Unternehmenskontakte verfügen und gern bereit sind, dem Redakteur ein Gespräch mit dem Geschäftsführer oder Vorstand zu vermitteln. Jeder Redakteur kennt eine Handvoll Berater, die ihm solche Kontakte liefern – und die er als Gegenleistung hin und wieder in seinen Artikeln zitiert. Es lohnt sich, diesem Kreis anzugehören.	❑
5. Habe ich Thema und Kernaussage des Artikelvorschlags plakativ formuliert? Ist die These auf eine klare Aussage hin zugespitzt?	Zögern Sie nicht, ein Thema drastisch zu vereinfachen. Beschränken Sie sich auf die Kernaussage. Dramatisieren Sie das Thema, spitzen Sie die These zu. Der Redakteur muss das Gefühl haben, eine echte Story zu verpassen, wenn er Ihnen nicht zuhört.	❑
6. Kann ich mit meinem Namen zur Kernaussage stehen? Wie kann ich sie begründen?	Behaupten lässt sich vieles. Für den Redakteur kommt es darauf an, eine These »wasserdicht« zu machen. Liefern Sie ihm deshalb auch die notwendigen Argumente, damit er das Thema ernst nimmt und in der Redaktionskonferenz durchsetzen kann. Setzen Sie sich dabei auch selbst in Szene, argumentieren Sie mit eigenen Erfahrungen.	❑

7. In welches Ressort passt mein Artikelvorschlag, wer ist der zuständige Redakteur?	Bevor Sie mit einem Magazin in Kontakt treten, sollten Sie es kennen. Welche Ressorts hat es? Wo könnte Ihr Thema stehen? In welcher Form? Sehen Sie sich genau an, wie Berater vertreten sind: Werden sie nur zitiert? Oder gibt es auch Interviews mit Beratern? Sind Berater mit Foto abgebildet? Machen Sie sich eine Vorstellung davon, wie Ihr Thema aufbereitet sein könnte und welche Rolle Sie dabei spielen könnten. Klären Sie dann, welcher Redakteur für Ihr Thema zuständig sein dürfte.	❑

14.3 Pressemitteilungen

Pressemitteilungen können Ihre Bekanntheit im Laufe der Zeit deutlich erhöhen. Erwarten Sie aber keine Wunder: Auch wenn Sie professionell vorgehen, wird der Abdruck einer Pressemitteilung die Ausnahme bleiben. Interessanter kann jedoch ein anderer Effekt sein: Mit der Zeit positionieren Sie sich in den Redaktionen als Experte. Es wird Ihnen leichtfallen, bei Gelegenheit auch persönliche Kontakte zu Redakteuren zu knüpfen. Auch stehen die Chancen gut, dass ein Redakteur Sie anruft, wenn er zu Ihrem Thema aus aktuellem Anlass oder für einen Hintergrundartikel einen Interviewpartner benötigt.

Checkliste: Welche Grundregeln Sie beachten müssen

Damit Ihre Pressemitteilungen die Redaktionen nicht nur erreichen, sondern auch wahrgenommen werden, sollten Sie einige Grundregeln beachten.

Grundregeln für Pressemitteilungen		**beachtet**
Regelmäßigkeit	Eine einzelne Pressemitteilung verpufft wirkungslos. Es kommt darauf an, dass Sie regelmäßig, mindestens alle zwei bis drei Monate, eine Pressemitteilung versenden.	❑
Substanz	Pressemitteilungen ohne Nachrichtenwert sind für den Redakteur lästig, landen im Papierkorb und schaden auf Dauer Ihrem Ruf in den Redaktionen.	❑
Aktualität	Eine Pressemitteilung braucht einen aktuellen Aufhänger.	❑

Adressat	Eine Pressemitteilung muss in der richtigen Redaktion ankommen (siehe folgende Checkliste »Wie Sie Ihren Presseverteiler aufbauen«).	❑
	Eine Pressemitteilung muss auf Mediengruppen zugeschnitten sein: • Eine Lokalredaktion müssen Sie anders bedienen als eine Wirtschaftsredaktion, eine Tageszeitung anders als ein Fachmagazin. • Achten Sie zum Beispiel bei einer Lokalredaktion auf einen lokalen Bezug.	❑
Erreichbarkeit	Der Redakteur muss Sie im Falle einer Nachfrage umgehend erreichen können.	❑

Checkliste: Wie Sie Ihren Presseverteiler aufbauen

An wen sollen die Pressemitteilungen gehen? Die Checkliste hilft Ihnen, einen Presseverteiler aufzubauen, über den Sie Ihre Zielgruppen erreichen.

Schritte	**getan**
Legen Sie fest, welche Zielgruppe Sie mit Ihren Pressemitteilungen erreichen möchten. Beachten Sie hierbei Ihre Botschaftslinie (siehe Abschnitt 2.1).	❑
Überlegen Sie, welche Medien Ihre Zielgruppe liest, hört oder sieht: • Tageszeitungen, • Yellow Press, • Publikumstitel, • Fachzeitschriften, • Branchen- und Verbandszeitschriften, • Hörfunk, • Fernsehen, • Internetportale, • Mitarbeiterzeitschriften/Kundenmagazine.	❑
Stellen Sie fest, welche dieser Medien sich für Ihre Themen interessieren könnten: • Welche Zeitschriften bzw. Hörfunk- und Fernsehprogramme haben Themenschwerpunkte, die zu Ihrem Leitthema passen? • In welches Ressort bzw. in welche Sendung könnten Ihre Themen passen?	❑
Beschaffen Sie die Kontaktdaten der relevanten Medien: • Recherche im Internet, Anruf in den Redaktionen, • Nachschlagewerke (Stamm – Leitfaden durch Presse und Werbung, Zimpel, Kroll-Presse-Taschenbücher).	❑

Richten Sie eine Pressedatenbank ein. Sie sollte mindestens folgende Angaben enthalten: • Name des Mediums, • Redaktion und Ressort, • Ansprechpartner (Name, Telefon, E-Mail), • Adresse, • Art des Mediums (Tages- oder Wochenmagazin, Fachzeitschrift ...), • Erscheinungsweise (täglich, wöchentlich, monatlich), • Redaktionsschluss.	❑

Checkliste: Wie Sie Anlässe und Themen inszenieren

Pressemitteilungen sollten Sie nur einsetzen, wenn Sie regelmäßig ein tragfähiges Thema *und* einen aktuellen Anlass finden. Prüfen Sie folgende Anregungen.

Mögliche Anlässe für eine Pressemitteilung	**geprüft**
Inszenieren Sie aktuelle Anlässe. Zum Beispiel, indem Sie • gezielt eine Befragung starten und so eine These mit neuen und exklusiven Zahlen untermauern, • ein Forum oder einen Kongress veranstalten, • eine Vortragsreihe mit prominenten Rednern auf die Beine stellen, • in Ihr Unternehmen eine bekannte Persönlichkeit zu einem Meinungsaustausch einladen. Diese Persönlichkeit vertritt dann Ihre These, warnt vor den Folgen und drängt auf sofortiges Handeln.	❑
Legen Sie eine Studie auf: • Die Pressemitteilung sollte hier jedoch nur die *Zweitverwertung* sein. Bieten Sie die Ergebnisse der Studie zunächst exklusiv einer Zeitschrift an. Warten Sie ab, bis der Artikel dort erschienen ist. • Lösen Sie dann mindestens vier bis acht interessante Einzelaspekte aus der Studie heraus. Machen Sie daraus eigenständige Themen, die Sie verteilt über die kommenden Monate zu Pressemitteilungen verarbeiten.	❑
Machen Sie eine Pressemitteilung von Ihrem jährlichen Kundenforum – aber nur dann, • wenn eine wirklich bekannte Persönlichkeit (zum Beispiel Trendforscher, Unternehmenschef, Wissenschaftler) zu Gast war • und zu einem aktuellen, brennenden Thema Stellung genommen hat.	❑
Schaffen Sie Anlässe mit prominenten Persönlichkeiten (Abgeordnete, Bürgermeister, Kammerpräsident, Unternehmenschef des größten lokalen Arbeitgebers ...). Laden Sie die Lokalzeitung zu einem Fototermin ein und bereiten Sie einen Pressetext vor.	❑
Versenden Sie an ausgewählte Fachredaktionen monatlich eine Pressemitteilung aus Ihrem Spezialgebiet mit jeweils einer nützlichen Information für die Leser (»Tipp vom Experten«). Auch wenn eine Veröffentlichung die Ausnahme bleibt: In den Redaktionen werden Sie mit der Zeit als Experte bekannt, auf den man bei aktuellem Anlass zurückgreift.	❑

Checkliste: Wie Sie einen guten Pressetext schreiben

Eine Presseinformation ist kein Werbetext, sondern hat die Aufgabe, sachlich zu informieren. Die Checkliste sagt Ihnen, worauf Sie beim Schreiben achten sollten.

Formale Kriterien einer professionellen Pressemitteilung	**beachtet**
Aussagekräftige Überschrift (keine reißerische Überschrift, denn für die spätere Schlagzeile ist der Redakteur zuständig).	
Vorspann mit den Kernaussagen: Fassen Sie für den Redakteur die Kernaussagen der Pressemitteilung in zwei bis vier Zeilen zusammen (kann auch in Stichworten sein).	❑
Spannende Information an den Anfang: Steigen Sie mit einer interessanten Aussage ein, die den Leser direkt zur Botschaft Ihrer Pressemitteilung führt. Verstärken Sie diese Aussage ggf. mit einem Zitat. *Beispiel:* Unter der Schlagzeile »Messe-Unwort 2007« beginnt eine Pressemitteilung des Messe Instituts (das mittelständische Unternehmen bei Messeauftritten berät und jährlich eine eigene Fachtagung veranstaltet) mit folgenden Worten: »Die mehr als 100 Teilnehmer der 25. Messe-Fachtagung wählten am 20. November in Stuttgart mit 39,5 Prozent ihrer Stimmen ›Innovatives Konzept‹ zum Messe-Unwort 2007. ›Hinter großen Worten‹, so Wolf Spryß vom veranstaltenden Messe Institut, ›verbergen sich oft unscharfe Aussagen mit wenig Informationsgehalt. Sie sind modisch und damit beliebig austauschbar‹.«	❑
Alle notwendigen Informationen im ersten Abschnitt: • Der erste Abschnitt muss für sich allein stehen können (bei wenig Platz kürzt der Redakteur vom Schluss her). • Achten Sie deshalb darauf, dass der erste Abschnitt alle wesentlichen Informationen enthält. (Wer hat was, wann, wo und warum getan?)	❑
Einfacher und konkreter Schreibstil: • Vermeiden Sie Schachtelsätze, verwenden Sie wenig Fremdworte, verzichten Sie auf »Beraterdeutsch« (siehe Teil V). • Bringen Sie konkrete Beispiele, formulieren Sie präzise, arbeiten Sie mit Zahlen, Daten und Fakten.	❑
Schreiben Sie sachlich, packen Sie Wertungen in Zitate: Ihre Pressemitteilung ist kein Werbetext. Schreiben Sie aus der Distanz eines neutralen Berichterstatters. Eine Wertung ist nur möglich, wenn sie als Zitat einem Experten in den Mund gelegt wird. Das kann auch ein eigenes Zitat von Ihnen sein.	❑
Personen mit Vornamen und Funktion benennen: Fügen Sie bei Personen Vorname und Funktion hinzu, verzichten Sie aber auf die Anrede (»Herr«, »Frau«). *Beispiel*: »Klaus Müller, Geschäftsführer der Organisationsberatung Klaus Müller GmbH in Hamburg«.	❑
Folgeimpuls im letzten Abschnitt: *Beispiel:* »Leser, die mehr wissen wollen, erhalten eine kostenlose Information unter www...«	❑

Checkliste: Wie Ihre Pressemitteilung aussehen sollte

Prüfen Sie, ob Ihre Pressemitteilung formal stimmt. Ziel ist, dass der Redakteur das Thema schnell erfasst – und bei Interesse alle wichtigen Informationen erhält.

Formale Kriterien einer professionellen Pressemitteilung	beachtet
Absender ist sofort erkennbar (Name, Logo).	❑
Titel der Seite lautet: »Pressemitteilung« oder »Presseinformation«.	❑
Aussagekräftige inhaltliche Überschrift.	❑
Etwa 3-zeiliger Vorspann (damit der Redakteur entscheiden kann: »Soll ich weiterlesen?«).	❑
Zeilenabstand 1,5, breiter Rad für Notizen (mindestens 2,5 Zentimeter).	❑
Klar erkennbare Gliederung mit Absätzen und Zwischenüberschriften.	❑
Im Anschluss an den Text: vollständiger Absender einschließlich Internetadresse sowie Name, Telefon und E-Mail-Adresse des Ansprechpartners für die Presse.	❑
Darunter, in kleinerer Schrift und einzeiligem Abstand: Ihr Profil in Kurzform oder eine kurze Information über Ihr Unternehmen (für den Redakteur eine wertvolle Orientierungshilfe – und für Sie eine Gelegenheit, Ihre Botschaftslinie zu kommunizieren!).	❑
Umfang der Presseinformation sollte zwei Seiten nicht überschreiten.	❑

14.4 Freie Journalisten

Freie Journalisten sind für verschiedene Medien tätig, denen sie Artikel und andere Beiträge verkaufen. Für ihre Arbeit benötigen sie ständig gute Themen und kompetente Experten. Und genau da können Sie einhaken: Wenn Sie einem freien Journalisten gute Themenanregungen geben und interessante Kontakte vermitteln, stehen die Chancen gut, dass er Sie im Gegenzug gelegentlich in seinen Artikeln zitiert. Erwarten Sie nicht zu viel: Im Regelfall wird Sie der Journalist in einem Artikel als *einen* von mehreren Experten zitieren, weil er ein Thema stets aus mehreren Perspektiven beleuchtet. Dennoch: Auch das ist ein wertvoller weiterer Baustein für Ihre Bekanntheit.

Checkliste: Wie Sie freie Journalisten finden

Zunächst müssen Sie wissen, welche freien Journalisten Sie ansprechen wollen. Grundsätzlich gibt es zwei Wege, die sich bewährt haben.

Möglichkeiten, um freie Journalisten zu finden		geprüft
Weg 1	Nutzen Sie ein Verzeichnis oder eine Datenbank. Zum Beispiel: • Die Internetseite www.djv-freie.de enthält einen Teil der freien Journalisten, die im Deutschen Journalistenverband (djv) zusammengeschlossen sind. Eine Suchfunktion erlaubt die Suche nach Themenschwerpunkten. • Das Kroll Presse-Taschenbuch Wirtschaftspresse enthält knapp tausend Einträge freier Wirtschaftsjournalisten mit Angaben ihrer Spezialgebiete.	❑
Weg 2	Beobachten Sie zwei bis drei Monate lang die für Sie relevanten Medien: • Welche freien Journalisten arbeiten dort? • Zu welchen Themen schreiben sie? • Notieren Sie die Namen der Journalisten, die Ihrem Themenbereich nahestehen. • Ermitteln Sie die Kontaktdaten (meist über Internet möglich, ansonsten über die Redaktion der Medien, für die diese Journalisten arbeiten).	❑

Checkliste: Wie Sie freie Journalisten ansprechen

Nun geht es darum, das Interesse der freien Journalisten zu wecken. Ihr Ziel sollte sein, sich als Experte einzuführen, der in seiner Szene das Gras wachsen hört.

Möglichkeiten der Ansprache		beachtet
Vorbereitung	*60-Sekunden-Präsentation für Journalisten* Nutzen Sie das Instrument der »60-Sekunden-Präsentation« (siehe Kapitel 8), um gerade auch Journalisten kurz und prägnant die Besonderheit Ihres Profils zu vermitteln.	❑
	Themen-Info Stellen Sie auf einer DIN-A4 Seite einige besondere Aspekte Ihres Themas heraus. Es sollte sich dabei um Informationen handeln, die der Journalist noch nicht kennt – und ihn dazu anregen, Ideen für Artikel zu entwickeln.	❑
	Thesenpapier Stellen Sie aus Ihrem Spezialgebiet einige Thesen auf, die neu, provozierend und überraschend sind. Damit machen Sie den Journalisten neugierig und regen ihn zur Nachfrage an. Selbstverständlich müssen Sie diese Thesen dann auch gut begründen und mit Ihrem Namen dazu stehen können.	❑

Kontakt-aufnahme	*Per E-Mail* • Bietet sich an, wenn Sie Adressen aus einer Datenbank selektiert haben und eine größere Zahl freier Journalisten kontaktieren möchten. • Fassen Sie sich kurz. Schlagen Sie in wenigen Sätzen ein konkretes Thema vor, machen Sie in einem Satz die Relevanz des Themas deutlich. • Machen Sie deutlich, dass Sie weitere Informationen zu dem Thema haben und gern als Experte für ein Gespräch zur Verfügung stehen. Nennen Sie eine Telefonnummer. • Bringen Sie dann noch einige Informationen über sich selbst – und verweisen Sie auf Ihre 60-Sekunden-Präsentation, aufrufbar unter folgendem Link.	❑
	Per Anruf • Bietet sich an, wenn Sie durch Medienbeobachtung einige wenige Journalisten identifiziert haben, die Ihnen besonders interessant erscheinen. • Nehmen Sie Bezug auf einen gerade erschienenen Artikel des Journalisten, machen Sie deutlich, dass Ihnen seine Arbeit gefällt – und fragen Sie, ob er weiterhin an dem Thema dranbleiben möchte. • Bringen Sie dann – je nach Interesse – Ihre vorbreiteten Ideen ein (Themen-Info, Thesenpapier). Bei Interesse können Sie die Zusendung weiterer Informationen oder auch ein persönliches Gespräch vorschlagen. • Senden Sie dem Journalisten nach dem Telefonat umgehend eine E-Mail, damit er Ihre Kontaktdaten hat. Bestätigen Sie eventuelle Vereinbarungen, fügen Sie die versprochenen Unterlagen hinzu und übermitteln Sie ihm den Link Ihrer 60-Sekunden-Präsentation. • Wenn Sie echtes Interesse bemerken, sollten Sie den Journalisten möglichst bald persönlich kennenlernen. Laden Sie ihn doch einfach zum Mittagessen ein, wenn Sie einmal ohnehin in seiner Nähe sind.	❑
Kontaktpflege	*Behutsam nachfassen* Wenn ein Journalist nicht reagiert, können Sie kurz telefonisch nachfassen und abklären, ob er grundsätzlich an dem Themenbereich interessiert ist. *Anmerkung:* Wenn Sie auf Ihre Mail mit dem Themenvorschlag keine Reaktion erhalten, muss das keineswegs Desinteresse signalisieren. Meistens legen Journalisten Infos dieser Art in ihrer Datenbank ab, um bei Bedarf auf passende Experten zurückgreifen zu können. Das kann Monate, sogar Jahre später erfolgen.	❑

	Senden Sie den freien Journalisten alle zwei bis drei Monate interessante Themenanregungen zu.	❑
	Legen Sie Ihre Kontaktpflege langfristig an. Erwarten Sie keine kurzfristigen Erfolge.	❑
	Üben Sie niemals Druck aus und bieten Sie niemals ein »Honorar« an, damit der Journalist Sie in einem Artikel erwähnt. Ein seriöser Journalist fühlt sich einer unabhängigen Berichterstattung verpflichtet und würde in diesem Fall die Zusammenarbeit mit Ihnen sofort beenden.	❑

15 Königsklasse: Bekannt werden in großem Stil

15.1 Eigenes Buch

Kein anderes Medium strahlt so viel Kompetenz und guten Ruf aus wie ein Buch. Werden Experten für Printmedien, Radio und Fernsehen gesucht, gilt ein erster Blick häufig den Buchautoren. Möchte ein Interessent die Seriosität eines Beraters oder Coachs einschätzen, ist ein Buch immer auch der Ausdruck von Solidität und Kompetenz. Zwar fordert das eigene Buch einen immensen Einsatz. Aber der Aufwand lohnt sich. Die folgenden Checklisten weisen Ihnen den Weg von der Themensammlung über das Exposé und die Auswahl des Verlags bis hin zur Bewerbung des fertigen Buches. Planen Sie von der ersten Idee bis zum Vorliegen des Buches ein bis drei Jahre ein.

Checkliste: Wann Sie an ein Buch denken sollten

Um ein Buchprojekt zu realisieren, müssen einige Voraussetzungen erfüllt sein. Prüfen Sie anhand der Checkliste, ob Sie Buchautor werden können.

Voraussetzungen	erfüllt
Sie haben zu einem Thema wirklich etwas zu sagen und können eine neue, unbekannte Facette aufzeigen.	❑
Sie schreiben gut (verfassen Sie ein Probekapitel, um dies festzustellen) – oder Sie haben das Budget, einen Ghostwriter zu finanzieren.	❑
Sie haben die Zeit, ein ganzes Buch spannend und interessant zu schreiben – oder Sie haben das Budget, einen Ghostwriter oder Redakteur zu finanzieren.	❑

Checkliste: Ideen sammeln und verdichten

Die meisten Berater und Coachs haben viel zu sagen. Um aus diesem Wissen ein Buchthema zu machen, braucht es eine strukturierte Ideensammlung.

Fragen zur Themengenerierung	beantwortet
Welches sind die sieben größten Leidensdruckthemen Ihrer Leser (siehe Abschnitt 1.3)?	❑
Welches Problem Ihrer Kunden können Sie am besten lösen?	❑

Welche sind Ihre fünf wichtigsten Kernkompetenzen?	❑
Gibt es zu Ihren Beratungs- oder Coachingthemen Erfolgsgeheimnisse (zum Beispiel »Die sieben wichtigsten Strategien für ...«)?	❑
Welches sind die fünf erfolgreichsten Projekte, die Sie mit Kunden umgesetzt haben? Welche Kernkompetenzen haben Sie dabei eingesetzt?	❑
Was wird im Gebiet Ihrer Kernkompetenz immer wieder falsch gemacht?	❑
Welche aktuellen Themen und Trends gibt es in Ihrem Fachbereich? Wie denken Sie darüber?	❑
Wie lauten die drei provokativsten Thesen, die Sie zu Ihrem Fachbereich formulieren können?	❑
Was bekommt Ihr Kunde nur bei Ihnen?	❑
Zu welcher Zielgruppe haben Sie eine besondere Beziehung?	❑
Gibt es bestimmte Fähigkeiten oder fachliches Wissen, das Sie zurzeit noch nebenbei an Kunden weitergeben, damit aber enormen Nutzen bieten?	❑
Ihre sonstigen Ideen ...	❑

Checkliste: Das Exposé erstellen

Mit einem guten Exposé (Übersicht) verkaufen Sie Ihr Buchprojekt an einen Verlag. Beim Schreiben des Exposés bemerken Sie auch, ob Ihr Thema wirklich trägt.

Bestandteile des Exposés	**Hinweise**	**erledigt**
Arbeitstitel	Finden Sie einen aussagekräftigen Arbeitstitel für Ihr Buch, den Sie an den Anfang des Exposés stellen (Titel plus erklärende Unterzeile). Zwar wird der endgültige Titel vom Verlag festgelegt, doch fällt ein guter Arbeitstitel dem Lektor auf und weckt sein Interesse für Ihren Vorschlag.	❑
Heißmacher (»Teaser«)	Präsentieren Sie nun Ihre Buchidee in 15 bis 30 Zeilen. Ziel ist, den Lektor dafür zu begeistern. • Wie lautet die Kernaussage des geplanten Buches? • Warum ist das Thema gerade zurzeit aktuell? • Warum verspricht das Buch gute Verkaufszahlen? (Zum Beispiel weil es den Leidensdruck einer großen Zielgruppe anspricht.)	❑

Vorläufiges Inhaltsverzeichnis	Stellen Sie nun anhand eines *kommentierten Inhaltsverzeichnisses* die konkreten Inhalte und die Struktur des Buches vor: • Erklären Sie nach jeder Kapitelüberschrift kurz, was in dem Kapitel stehen soll. • Machen Sie den roten Faden deutlich, der die Inhalte verbindet.	❑
Zielgruppen des Buches	Der Lektor möchte wissen: An wen lässt sich das Buch verkaufen? • Beschreiben Sie kurz, aber präzise die Zielgruppe. (Position? Funktion? Art des Unternehmens? Branche?) • Wenn möglich benennen Sie die Größe der Zielgruppe.	❑
Verkaufsargumente für das Buch	Überlegen Sie: Wie könnte ein Buchhändler Ihr Werk empfehlen? Stellen Sie kurz die Verkaufsargumente zusammen.	❑
Konkurrenztitel	Ihr Buch sollte möglichst einzigartig am Buchmarkt sein. Nehmen Sie sich deshalb einige Wochen Zeit, um mögliche Konkurrenztitel zu lesen und auf Unterschiede zu prüfen. • Welche Bücher sind schon zu diesem Thema erschienen und wie grenzt sich Ihr Buch hiervon ab? • Was ist an Ihrem Buch neu, anders, spektakulär? • Führen Sie die Konkurrenztitel einzeln auf und stellen Sie die Unterschiede zu Ihrem geplanten Werk dar.	❑
Unterstützung der Vermarktung	Wie können Sie den Erfolg des Buches unterstützen? Führen Sie an, was Sie zum Verkauf des Buches beitragen können. Überlegen Sie hierzu: • Welche Kontakte haben Sie zu der Zielgruppe? Kennen Sie Verbände? Spezielle Zeitschriften? Wie können Sie dem Verlag Zugang zur Zielgruppe verschaffen? • Haben Sie bereits Medienkontakte? Welche? Auch zu Hörfunk und Fernsehen? • Geben Sie Seminare zu diesem Thema? Welcher Art? Bei welchem Veranstalter? Kann das Buch Bestandteil des Seminars werden? • Schreiben Sie für Fachzeitschriften? Welche? Ist von Ihnen schon ein Artikel zum Thema erschienen? Planen Sie nach Erscheinen des Buches weitere Artikel? • Werden Sie Ihr Buch auf Ihrer Webseite bewerben? Wie viele Besucher aus der Zielgruppe des Buches hat Ihre Webseite?	❑

	• Haben Sie einen Beratungsbrief, in dem Sie das Buch vorstellen werden? Wie viele Abonnenten hat er? • Wie viele Exemplare des Buches nehmen Sie selbst ab? (Wenn Sie mit einem bestimmten Rabatt zum Beispiel 150 Exemplare abnehmen, deckt das bereits einen spürbaren Teil des Verlagsrisikos ab.)	❑
Autor	Der Verlag will nicht nur wissen, ob Sie als Autor für das Thema kompetent sind. Er interessiert sich zudem dafür, ob Sie als Persönlichkeit »ziehen«, also auch für den Buchmarkt attraktiv sind. • Es bietet sich hier eine persönliche Vorstellung an, die Ihren Lebenslauf als kurze Story inszeniert (siehe Abschnitt 6.2, Checkliste »So erstellen Sie Ihre persönliche Präsentation«). • Nennen Sie hier auch Ihre bisherigen Veröffentlichungen zum Thema.	❑

Checkliste: Welcher Verlag könnte passen?

Nun benötigen Sie einen Verlag. Keine einfache Sache, wenn Sie die Verlagsbranche nicht kennen. Die Checkliste nennt die wesentlichen Anforderungen.

Anforderungen	trifft zu
Sie haben die Zeit, um geeignete Verlage zu identifizieren, die aufgrund ihres Programms, ihrer Zielgruppe und der Buchaufmachungen zu Ihrem geplanten Projekt passen.	❑
Sie kennen sich in der Verlagsbranche aus und haben gute Kontakte dorthin.	❑
Sie sprechen die Sprache der Lektoren.	❑
Sie sind mit den Vertragsmodalitäten vertraut und in der Lage, die Konditionen für Ihr Buchprojekt selbst auszuhandeln.	❑

Checkliste: Was ein Literaturagent bringt

Meist empfehlenswert: Ein Literaturagent übernimmt Verlagssuche und Verhandlungen. Prüfen Sie die Argumente, die für diese Lösung sprechen.

Argumente für das Einschalten eines Literaturagenten	geprüft
Der Agent kennt den Markt und weiß, bei welchem Verlag er ein Thema platzieren kann.	❑
Der Agent kann mögliche Schwachstellen Ihres Exposés gemeinsam mit Ihnen ausbügeln, bevor er den Verlag kontaktiert.	❑

Der Agent kann die Erfolgschancen einschätzen.	❑
Der Agent kann das Probekapitel gemeinsam mit Ihnen überarbeiten.	❑
Der Agent spricht die Sprache der Lektoren und Programmleiter, er kennt die Gepflogenheiten der Verlagsbranche.	❑
Der Agent ist mit dem Prozedere vertraut.	❑
Der Agent kennt die typischen Vertragsmodalitäten und kann entsprechend gut verhandeln.	❑
Der Agent kümmert sich um die Einhaltung der Vertragsbedingungen, zum Beispiel auch um die Überweisung der Honorare.	❑
Der Agent stellt etwa 20 Prozent des Autorenhonorars in Rechnung. Somit haben Sie keine Kosten im Vorfeld und gehen auch kein Risiko ein.	❑

Checkliste: Was Sie mit dem Agenten klären sollten

Wenn Sie sich für einen Agenten entschieden haben, sollten Sie im Erstgespräch seine Kompetenz und Vorgehensweise feststellen. Klären Sie hierzu folgende Punkte.

Fragen an den Literaturagenten		**gestellt**
Kompetenz	Welche Erfahrungen hat der Agent bei vergleichbaren Projekten gemacht?	❑
	Arbeitet er mit bestimmten Verlagen bevorzugt zusammen? Mit welchen?	❑
Vorgehensweise	Teilt der Agent regelmäßig mit, welche Verlage er anspricht und wie die Reaktionen ausfallen?	❑
	Informiert Sie der Agent, wenn mehrere Angebote vorliegen? Bezieht er Sie in die Entscheidung mit ein?	❑
	Übernimmt der Agent für Sie die kompletten Vertragsverhandlungen?	❑
	Übernimmt der Agent die Honorarverwaltung? Prüft er die Abrechnungen des Verlags? Achtet er darauf, dass der Verlag pünktlich bezahlt?	❑
Vergütung	Wie hoch ist der Provisionssatz des Agenten?	❑
	Verlangt der Agent irgendwelche Pauschalen oder Vorauszahlungen?	❑
	Können Sie als Autor mit einem Vorschuss des Verlages rechnen?	❑

Checkliste: Wie Sie den Verlag beim Marketing unterstützen

Ihr Buch ist erschienen. Stellen Sie nun einen kleinen Marketingplan auf, den Sie unbedingt mit dem Verlag absprechen. Nutzen Sie hierzu diese Checkliste.

Marketinganregungen	geprüft
Weisen Sie auf das Buch hin: • in Ihrer E-Mail-Signatur, • auf Ihrem Briefpapier, • auf der Rückseite der Visitenkarte.	❑
Präsentieren Sie das Buch prominent auf Ihrer Internetseite und nehmen Sie es in Ihre Publikationsliste auf.	❑
Regen Sie Kunden dazu an, Rezensionen zu schreiben und zum Beispiel bei Amazon einzustellen.	❑
Nutzen Sie Ihre Vorträge und Seminare, um auf das Buch hinzuweisen: • Erwähnen Sie das Buch im Vortrag oder Seminar. • Legen Sie eine kleine »Buchkarte« (Werbung für das Buch) auf den Plätzen aus. • Nehmen Sie immer einige Ansichtsexemplare mit.	❑
Machen Sie in Abstimmung mit dem Verlag das Buch zum Bestandteil der Seminarunterlagen eines Ihrer Seminare.	❑
Schreiben Sie zu Einzelaspekten Ihres Buchthemas Fachartikel und weisen Sie darin auf das Buch hin. Vereinbaren Sie mit der Redaktion die Form des Hinweises, *bevor* Sie den Artikel schreiben. Mögliche Varianten sind ein Hinweis • in einem eigenen Kasten, der das Buch kurz vorstellt (Idealfall), • im Vorspann des Artikels, • in der Vorstellung des Autors, • als Literaturangabe am Ende des Artikels.	❑
Bieten Sie Kunden, Kooperations- und Geschäftspartnern an, einige Bücher bei einer Aktion zu verlosen.	❑
Schicken Sie einen Auszug des Buches als PDF an Kunden (nur in Absprache mit dem Verlag).	❑
Bieten Sie den Abonnenten Ihres Beratungsbriefes einen Auszug des Buches als PDF an (nur in Absprache mit dem Verlag).	❑
Beziehen Sie Direktversender in die Vermarktung ein. In bestimmten Branchen gibt es spezialisierte Versandbuchhandlungen, die Sie ansprechen können (nur in Absprache mit dem Verlag).	❑
Bieten Sie an, für Interviews interessierter Journalisten zur Verfügung zu stehen.	❑

15.2 Vorträge

Neben dem eigenen Buch zählen Vorträge zur Königsklasse der Marketinginstrumente für Berater, Trainer und Coachs. Vorträge sind das ideale Forum, um Ihre Kompetenz und gleichzeitig Ihren persönlichen Stil zu zeigen. Nirgendwo sonst kommen Sie so direkt und intensiv mit einem größeren Publikum in Berührung: Erst lesen die Teilnehmer Ihren Namen in der Ankündigung, dann stellt der Veranstalter Sie vor – und schließlich hören sie Ihnen 45 Minuten lang zu. Vorträge wirken langfristig, weil Sie »Bekanntheitspunkte sammeln« – oft aber auch kurzfristig, weil sich Interessenten direkt nach einem Vortrag bei Ihnen melden. Voraussetzung ist natürlich, dass Sie einen mitreißenden Vortrag halten. Nutzen Sie hierzu auch die in Teil V vorgestellten Regeln für eine spannende Inszenierung.

Checkliste: Prüfen Sie, ob Sie zum Redner geeignet sind

Vorträge halten ist natürlich nur sinnvoll, wenn Sie sich auch als Redner eignen. Anhand der Checkliste können Sie prüfen, ob Sie die notwendigen Voraussetzungen erfüllen.

Kriterien	**trifft zu**
Ich bin in der Lage, ein Thema sehr unterhaltsam darzustellen. Die Leute lachen, haben Freude, bleiben aktiv.	❑
Ich schaffe es, in kurzer Zeit – 45 Minuten – wirklich nützliche Impulse zu geben, sodass die Zuhörer sofort etwas damit anfangen können. (*Leitgedanke*: Kann der Zuhörer etwas zumindest ein bisschen besser machen als vor dem Vortrag? Was genau?)	❑
Ich halte es aus, dass permanent ich selbst spreche und die Teilnehmer mit mir nicht im Dialog sind. (Eine Rede ist kein Workshop oder Seminar!)	❑
Ich halte es aus, dass ein Großteil einer Rede der Unterhaltung der Teilnehmer dient und damit zwangsläufig inhaltlich eher oberflächlich bleibt. (*Stichworte*: intellektuell unbefriedigend, fehlende Sinnhaftigkeit, Sinnkrise.)	❑
Ich bin mir nicht zu schade, mein Thema bei Veranstaltern aktiv anzubieten.	❑
Ich bin in der Lage, den Vortrag durch gezielten Einsatz von Medien gut zu unterstützen (zeitgemäße Powerpoint-Folien, ggf. Video und Audio).	❑

Treffen Sie nun Ihre Entscheidung	
Sind die Kriterien erfüllt oder sind Sie überzeugt, dass Sie die Anforderungen in absehbarer Zeit erlernen können? ❑ ja ❑ nein	Haben Sie Spaß daran, auf der Bühne zu stehen, oder glauben Sie zumindest, mit der Zeit daran Freude zu gewinnen? ❑ ja ❑ nein

Checkliste: Bestimmen Sie Ihr Publikum

Zunächst muss Ihnen klar sein, vor wem Sie sprechen werden. Überlegen Sie anhand der Checkliste, welche Zuhörer Sie haben wollen – und beschreiben Sie diese Zielgruppe.

Fragen zur Zielgruppendefinition	Ihre Antwort
Welche Branchen sprechen Sie an?	
Welche Funktionen und Positionen haben Ihre künftigen Zuhörer?	
Welche Zielgruppe möchten Sie mit Ihrem ersten Vortrag ansprechen? Definieren Sie präzise, zum Beispiel: » Meinen Vortrag möchte ich als Erstes Geschäftsführern von mittelständischen Unternehmen in der Maschinenbau-Branche anbieten.«	

Checkliste: Wie Sie das richtige Thema finden

Die Zielgruppe Ihres Vortrags ist klar, nun stellt sich die Frage: Worüber genau sollen Sie reden? Die Checkliste hilft Ihnen, das Thema zu finden.

Fragen zur Themengenerierung	beantwortet
Welches sind die sieben größten Leidensdruckthemen Ihrer Leser (siehe Abschnitt 1.3)?	❑
Welches Problem Ihrer Kunden können Sie am besten lösen?	❑
Welches sind Ihre fünf wichtigsten Kernkompetenzen?	❑
Gibt es zu Ihren Beratungs- oder Coachingthemen Erfolgsgeheimnisse (zum Beispiel »Die sieben wichtigsten Strategien für ...«)?	❑
Welches sind die fünf erfolgreichsten Projekte, die Sie mit Kunden umgesetzt haben? Welche Kernkompetenzen haben Sie dabei eingesetzt?	❑
Was wird im Gebiet Ihrer Kernkompetenz immer wieder falsch gemacht?	❑
Welche aktuellen Themen und Trends gibt es in Ihrem Fachbereich? Wie denken Sie darüber?	❑
Wie lauten die drei provokativsten Thesen, die Sie zu Ihrem Fachbereich formulieren können?	❑
Was bekommt Ihr Kunde nur bei Ihnen?	❑
Zu welcher Zielgruppe haben Sie eine besondere Beziehung?	❑

Gibt es bestimmte Fähigkeiten oder fachliches Wissen, das Sie zurzeit noch nebenbei an Kunden weitergeben, damit aber enormen Nutzen bieten?	❑
Ihre sonstigen Ideen ...	❑
Nehmen Sie nun Ihre Botschaftslinie zur Hand (siehe Abschnitt 2.1). Prüfen Sie die verschiedenen Themenvarianten daran, inwiefern sie Ihre Positionierung unterstützen.	❑

Checkliste: Wie Sie Ihren Vortrag anbieten

Um Ihren Vortrag einem Veranstalter anzubieten, benötigen Sie ein Exposé. Es dient dazu, Ihr Angebot vorzustellen und auf den Vortrag neugierig zu machen.

Bestandteile des Exposés	**Hinweise**	**erledigt**
Titel	Finden Sie für Ihren Vortag einen zugkräftigen Titel. Bewährt hat sich eine Zweiteilung aus • reißerischer Schlagzeile und • erklärendem Untertitel. *Beispiel*: »Mein Freund vom Finanzamt Wie Sie Steuerkonflikte souverän lösen«	❑
Heißmacher (»Teaser«)	Präsentieren Sie die Kernidee Ihres Vortrags in 7 bis 15 Zeilen. Ziel ist, den Veranstalter dafür zu begeistern. • Wie lautet die Kernbotschaft? • Warum ist das Thema gerade jetzt so aktuell? • Warum spricht das Thema viele Menschen an (Leidensdruckthema, konkreter Nutzen)?	❑
Gliederung	Stellen Sie den Inhalt Ihres Vortrags anhand einer groben, aber aussagefähigen Gliederung dar. Überschriften und Stichworte sollen neugierig machen.	❑
Autor	Stellen Sie sich selbst interessant vor – in wenigen Zeilen	❑
Grafische Gestaltung	Achten Sie auf eine professionelle grafische Gestaltung. Marktauftritt und Exposé müssen absolut professionell sein.	❑

Checkliste: Wie Sie einen Veranstalter finden

Das Exposé ist fertig, nun können Sie Ihren Vortrag »verkaufen«. Die Checkliste weist den Weg, einen Veranstalter zu finden, der Ihren Vortrag in sein Programm aufnimmt.

Weg	Schritte	getan
Eigene Marketing-kanäle nutzen	Bewerben Sie Ihren Vortrag auf Ihrer Webseite.	❑
	... in der E-Mail-Signatur.	❑
	... auf Ihrem Briefbogen.	❑
	... in Ihrem Beratungsbrief.	❑
Kunden fragen	Prüfen Sie, ob es bei Ihren Kunden Anlässe gibt, als Redner aufzutreten (Jahrestagung, Mitarbeitertreffen, Kundenforum ...).	❑
	Bieten Sie Ihren Vortrag diesen Kunden an.	❑
Veranstalter kontaktieren	Recherchieren Sie mögliche Veranstaltungen, zu denen das Thema passen könnte. Am einfachsten ist es in der Regel, in der Region zu beginnen. Möglichkeiten sind zum Beispiel: • *Regionaltreffen von Verbänden* (zum Beispiel Branchenverbände oder Unternehmensverbände wie die Arbeitsgemeinschaft Selbständiger Unternehmer, Bund der Selbständigen, Bundesverband mittelständische Wirtschaft). • *Bundes- oder europaweite Treffen von Verbänden*. Haben Sie bei einem Regionaltreffen einen guten Vortrag gehalten, sind die Regionalclubs meist gern bereit, bei der »Muttergesellschaft« eine Empfehlung auszusprechen. • *Vortragsveranstalter der freien Wirtschaft* (zum Beispiel »Schmidt Colleg« oder »Unternehmen Erfolg«). • Messen und Kongresse.	❑
	Kontaktieren Sie den Veranstalter: »Ich möchte Ihnen einen Themenvorschlag machen für Ihre Veranstaltung ...«.	❑
	Schicken Sie ihm bei Interesse das Exposé, fassen Sie nach einer Woche telefonisch nach.	❑
	Sehen Sie den Reaktionen mit einer gewissen Frustrationstoleranz entgegen – etwas Glück gehört dazu!	❑

Checkliste: Vereinbaren Sie ein angemessenes Honorar

Für das Honorar einer Rede gibt es keine festen Regeln. Die Checkliste hilft Ihnen, mit dem Veranstalter eine angemessene Vergütung zu vereinbaren.

Kriterien	Hinweise	beachtet
Kommerzieller Veranstalter	Vereinbaren Sie in der Regel ein Honorar, das in der Nähe Ihres normalen Tagessatzes liegt. *Anmerkung:* Da Ihre Rede den Zuhörern einen konkreten Nutzen bietet und Sie genau deshalb gebucht werden, handelt es sich nicht um »Werbung« (wie der Veranstalter häufig argumentiert), sondern um eine Dienstleistung, die ihren Preis hat.	❑
Ehrenamtlicher Veranstalter	Erwägen Sie je nach Veranstalter ein Anerkennungshonorar von einigen 100 Euro, nur Reisekostenerstattung oder in Einzelfällen auch einen kostenlosen Auftritt.	❑
Auch zu beachten: Preis für Teilnehmer	Wenn ein Kongress 100 Teilnehmer hat und der Teilnahmepreis 1.800 Euro beträgt, dürfen Sie getrost Ihren Tagessatz als Honorar verlangen.	❑

Checkliste: Wie Sie einen Folgeimpuls geben

Sie erhöhen die Wirkung Ihres Vortrags, wenn Sie den Zuhörern am Ende ein konkretes Angebot machen, mit Ihnen in Kontakt zu bleiben. Hier finden Sie einige Anregungen.

Beispiele für einen Folgeimpuls	geprüft
»Ich habe Ihnen eine Kopie meines aktuellen Fachartikels vorne ausgelegt. Wenn Sie mögen, bedienen Sie sich einfach vom Stapel – und legen mir dafür Ihre Visitenkarte hin.«	❑
»Interessiert Sie mein Beratungsbrief? Wenn Sie mögen, legen Sie mir Ihre Visitenkarte hin und schreiben das Stichwort Beratungsbrief darauf.«	❑
»Auf Ihren Plätzen finden Sie eine Feedback-Karte. Da können Sie mir eine Nachricht draufschreiben. Befestigen Sie Ihre Visitenkarte auf dem selbstklebenden Feld.«	❑
»Auf meiner Homepage finden Sie eine kostenlose Download-Möglichkeit eines Buchauszugs, der genau dieses Thema beschreibt.«	❑
»Draußen steht ein Büchertisch, da können Sie sich mein Buch ansehen und kaufen.«	❑

»Wenn Sie in Ihrem Unternehmen zu dem Thema einen konkreten Beratungsbedarf haben, biete ich Ihnen eine telefonische Abklärung an – die erste halbe Stunde ist kostenlos.«	❑
»Wollen Sie tiefer in das Thema einsteigen? Ich halte genau zu diesem Thema Seminare. Wenn Sie sich bis Ende des Monats anmelden, erhalten Sie zehn Prozent Rabatt.«	❑

16 Messe – ein Forum für Ihre Inszenierung

16.1 Wann sich der Messeauftritt lohnt

Ein Messeauftritt gehört in der Beratungsbranche nicht unbedingt zum Pflichtprogramm. Angesichts der Kosten schrecken vor allem Einzelunternehmer und kleine Unternehmen davor zurück. Wer allerdings Wert auf professionelles Marketing legt und den eigenen Marktauftritt inszenieren möchte, findet auf Messen ein perfektes Forum. Für viele Berater, Trainer und Coachs können zum Beispiel die Personalmessen, auf denen sich die Entscheider aus den Personalbereichen versammeln, eine interessante Plattform bieten. Wichtig ist jedoch die gründliche Vorüberlegung, ob sich der Auftritt für Sie lohnt.

Checkliste: Lohnt sich der Messeauftritt für Sie?

Anhand der Checkliste können Sie Kosten und Nutzen eines Messeauftritts abwägen und grundsätzlich entscheiden, ob sich ein Messeauftritt in Ihrem Fall lohnt.

Frage	Ihre Antwort
Wie wichtig ist in Ihrem Bereich der persönliche Kontakt im Vertrieb?	
Wie viel kostet der Messeauftritt genau – rechnen Sie alle Kosten zusammen: • Standmiete und Nebenkosten (Strom, Internet, Standreinigung ...), • Sondergenehmigung für Standbau und Aktionen, • Messestand, Ausstattung, Dekoration, • Personalkosten vor, während und nach der Messe, • Anfahrt und Unterbringung, • Bewirtung der Gäste und Standbetreuer, • Informationsmaterial, Marketingartikel.	
Wie viele Aufträge müssen Sie im Nachgang akquirieren, um diese Kosten zu decken?	
Wie viele Vertriebsgespräche müssen Sie führen, damit Sie diese Aufträge voraussichtlich bekommen?	
Wie ist die Besucherstruktur der Messe? (siehe auch folgende Checkliste)	
Wer sind die anderen Aussteller? Passen Sie und Ihr Angebot in dieses Umfeld? Welche Wettbewerber stellen aus?	

Quelle: Miriam Bauer: Als Berater auf der Messe. Eine gute Idee?!, in: Giso Weyand (Hg.): Das gewisse Extra. Beratermarketing für Fortgeschrittene, Bonn 2008, S. 281–310.

Checkliste: Wie Sie die Risiken Ihres Messeauftritts begrenzen

Ein Messeauftritt könnte für Sie interessant sein? Die Checkliste hilft Ihnen, Fehler zu vermeiden und die Kosten zu begrenzen.

Nutzen-Kosten-Aspekte		beachtet
Nutzen sichern	Präsentieren Sie sich auf der richtigen Fachmesse? • Prüfen Sie sorgfältig, ob die Messebesucher zu Ihrer Zielgruppe gehören. • Analysieren Sie die Besucherstruktur (Auskunft erteilt der Messeveranstalter). • Klären Sie, was genau die Besucher auf dieser Messe suchen – und ob Ihr Angebot dazu passt. • Sprechen Sie mit Ihnen bekannten Ausstellern, die auf dieser Messe schon einmal aufgetreten sind.	❑
	Fallen Sie mit Ihrem Angebot wirklich auf? Nur wenn Sie eine Besonderheit anbieten und diese spannend inszenieren, schaffen Sie es, auf der Messe aufzufallen. Beachten Sie hierzu auch • Kapitel 2 »Den Markenkern definieren«, • Teil V »Inszenierungstechniken«.	❑
	Gehen Sie zunächst als Besucher auf die Messe, um sich selbst ein Bild zu verschaffen: • Stimmt das Publikum? Erreichen Sie wirklich Ihre Zielgruppe? • Stellen auch andere Berater aus? Wie gestalten sie ihren Auftritt? Sprechen Sie mit ihnen und fragen Sie, wie zufrieden sie mit dem Messeauftritt sind. • Welche Lage wäre optimal für einen Stand? Welche Halle bietet das beste Umfeld? Welche Winkel sollte man besser meiden, weil sie abseits der Besucherströme liegen?	❑
Kosten begrenzen	Prüfen Sie, ob Sie gemeinsam mit Partnern einen Messestand teilen können.	❑
	Fragen Sie nach Sonderkonditionen: Einige Messen haben spezielle Angebote für kleine Aussteller. Beispiel »Zukunft Personal« in Köln: Während normalerweise ein Stand ab 15 Quadratmetern erhältlich ist, können kleine Unternehmen in themenbezogenen Sonderbereichen zu günstigen Konditionen vier Quadratmeter inklusive Grundausstattung buchen.	❑

	Kalkulieren Sie längerfristig. Der erste Messeauftritt ist teurer als die nachfolgenden – denn Teile der Vorbereitung und des Messestandes können Sie wieder verwenden.	❑
	Die Alternative: Gehen Sie als Besucher auf die Messe – auch so ist es möglich, Kontakte zu knüpfen.	❑

In Anlehnung an Miriam Bauer: Als Berater auf der Messe. Eine gute Idee?!, in: Giso Weyand (Hg.): Das gewisse Extra. Beratermarketing für Fortgeschrittene, Bonn 2008, S. 281–310.

16.2 Wie Sie den Messeauftritt zum Erfolg machen

Sie haben sich für einen Messeauftritt entschieden – keine kleine Sache für Ihr Marketingbudget. Nun müssen Sie dafür sorgen, dass Sie auf der Messe nicht nur interessante Kontakte knüpfen, sondern die Interessenten auch zu neuen Kunden machen. Wie Sie vorgehen sollten und worauf Sie achten müssen, erfahren Sie in diesem Abschnitt. Entscheidend ist, dass Sie das Projekt professionell angehen, klare Ziele setzen, sich anschaulich und interessant präsentieren, sich von den anderen abheben – und nach der Messe auch die Ernte einfahren.

Checkliste: Wie Sie Ihren Messeauftritt inszenieren

Nur wenn Sie Aufmerksamkeit erregen und eine klare Botschaft vermitteln, wird Ihr Messeauftritt erfolgreich sein. Beachten Sie vor allem folgende Aspekte.

Kriterien für den erfolgreichen Messeauftritt	**beachtet**
Gehen Sie für Zielsetzung und Konzeption Ihres Messeauftritts von Ihrer Botschaftslinie aus (siehe Abschnitt 2.1). Dies ist wichtig, damit • sich Ihr Auftritt von Ihren Wettbewerbern abhebt und • Ihre Inszenierung ein Leidensdruckthema Ihrer Zielgruppe anspricht.	❑
Sehen Sie den Messestand als eine Bühne, auf der Sie sich selbst und Ihr Angebot in Szene setzen.	❑
Vermitteln Sie *eine* klare Botschaft.	❑
Versuchen Sie nicht, Ihr komplettes Portfolio darzustellen. Greifen Sie stattdessen den spannendsten Teil heraus und stellen Sie diesen in den Vordergrund.	❑
Achten Sie darauf, dass Ihr Messestand auffällt und Interesse weckt. Ihr Logo, Ihre Farben, ein Slogan oder eine provozierende Frage tragen dazu bei, dass man Sie von Weitem erkennt und bemerkt.	❑
Seien Sie professionell. Mit Klebestreifen befestigte Schriftzüge, die auf Büropapier ausgedruckt sind, machen keinen seriösen Eindruck.	❑

Überlegen Sie genau, wer gemeinsam mit Ihnen am Stand auftritt – und instruieren Sie alle Beteiligten sorgfältig. Zwei kompetente Mitarbeiter, die Ihr Unternehmen und Ihr Angebot repräsentieren, sollten Sie auch als Einzelunternehmer haben.	❑
Weisen Sie im Vorfeld der Messe über alle Kommunikationskanäle auf Ihren Messeauftritt hin.	❑

In Anlehnung an Miriam Bauer: Als Berater auf der Messe. Eine gute Idee?!, in: Giso Weyand (Hg.): Das gewisse Extra. Beratermarketing für Fortgeschrittene, Bonn 2008, S. 281–310.

Checkliste: Wie Sie Messegespräche erfolgreich führen

Messegespräche sollen am Ende in neue Aufträge münden. Wie Sie dabei vorgehen und worauf Sie achten müssen, zeigt Ihnen diese Checkliste.

Regeln für das Messegespräch	**beachtet**
Trainieren Sie den Gesprächseinstieg: Mit der Standardfrage »Kann ich Ihnen helfen?« haben Sie schon verloren. Der Besucher sagt »Nein, danke« – und das Gespräch ist beendet. Überlegen Sie sich eine Frage, die zum Thema führt und – sofern der Besucher zu Ihrer Zielgruppe zählt – seine Neugier weckt.	❑
Lassen Sie dem Besucher Zeit, sich umzusehen – aber lassen Sie ihn nicht wieder gehen, ohne zu erfahren, ob er ein Interessent sein kann.	❑
Versuchen Sie nicht, ihm Ihre Leistung zu verkaufen, sondern bieten Sie einen Dialog in Augenhöhe an.	❑
Sehen Sie das Messegespräch wie eine Trainings- oder Coachingsituation. Hier wie dort gilt: • Hören Sie zu. • Vermeiden Sie Aufdringlichkeit. • Stellen Sie gezielt Fragen. • Erfragen Sie möglichst viele Informationen. Je mehr Sie wissen, desto besser können Sie auf Ihr Gegenüber eingehen und ihm anbieten, was er braucht. • Seien Sie auf Einwände vorbereitet und zeigen Sie konkrete Lösungsmöglichkeiten auf.	❑
Vereinbaren Sie einen Folgeimpuls – im Idealfall einen Termin, zumindest die Zusendung einer Information. Bleiben Sie auf jeden Fall verbindlich.	❑
Dokumentieren Sie die Gespräche: • Überlegen Sie, welche Informationen für Sie wichtig sind (Kontaktdaten, Anliegen, Inhalt des Gesprächs, überreichte Unterlagen, vereinbart weiteres Vorgehen, persönlicher Eindruck, Potenzial ...). • Bereiten Sie ein Formular vor, das Sie unmittelbar nach dem Gespräch ausfüllen und an das Sie die Visitenkarte anhängen.	❑

In Anlehnung an: Miriam Bauer: Als Berater auf der Messe. Eine gute Idee?!, in: Giso Weyand (Hg.): Das gewisse Extra. Beratermarketing für Fortgeschrittene, Bonn 2008, S. 281–310.

Checkliste: Messenachbereitung – fahren Sie die Ernte ein

Die Messe ist gut gelaufen – doch der entscheidende Schritt kommt erst jetzt. Bleiben Sie an den neuen Kontakten dran, um aus Interessenten tatsächlich Kunden zu machen.

Wichtige Aspekte	beachtet
Melden Sie sich möglichst am Tag nach der Messe bei den neu erworbenen Kontakten: • Schicken Sie eine E-Mail, in der Sie sich für das Gespräch bedanken. • Bestätigen Sie kurz das auf der Messe vereinbarte weitere Vorgehen.	❑
Halten Sie alle Ankündigungen und Vereinbarungen ein, die Sie in den Messegesprächen getroffen haben.	❑
Prüfen Sie die neuen Kontakte auf ihr Potenzial – und vereinbaren Sie ggf. weitere Gesprächstermine.	❑
Verfolgen Sie die Kontakte weiter – auch damit Sie überblicken, was Ihnen der Messeauftritt wirklich gebracht hat.	❑
Prüfen Sie, ob der Messeauftritt Ihre Bekanntheit erhöht hat: • Bei welchen Meinungsführern sind Sie seit der Messe präsent? • Sind aus Anlass der Messe Presseartikel erschienen?	❑

17 Networking – von Kontakten profitieren

17.1 Regeln des Networking

Networking ist das Zusammenführen von Menschen untereinander, sodass alle Beteiligten dadurch profitieren. Berater, Trainer und Coachs haben es mit dem Networking meist einfacher als andere Berufsgruppen, weil sie bereits typische Persönlichkeitsmerkmale hierfür besitzen – wie zum Beispiel Interesse an Menschen, Leidenschaft fürs Lernen, Professionalität, Erfahrung in der Kommunikation mit unbekannten Menschen, Reden vor Gruppen. Professionelles Networking kann für Sie daher ein wirkungsvolles Instrument sein, um an Kontakte und über diese an mehr Geschäft zu kommen. Die wichtigsten Regeln erfahren Sie in diesem Abschnitt.

Checkliste: Die goldenen Regeln des Networkings

Erfolgreiches Networking hat weniger mit Strategie als mit einer Grundhaltung zu tun, die sich in fünf Regeln ausdrückt. Prüfen Sie, inwieweit Sie diese Regeln beherrschen.

Regeln		Handlungs-bedarf
Regel 1: Für andere wertvoll sein	Wenn ich durch meine Kompetenzen, Leistungen, Kontakte, Informationen oder Beiträge wertvoll für andere bin, wollen sie mich in ihrem Netzwerk haben.	❑
Regel 2: Großzügig sein	Wenn ich bereit bin, großzügig zu geben, bevor ich bekomme, entfaltet sich die magische Kraft des Networkens.	❑
Regel 3: Freundlich sein	Wenn ich freundlich bin, ist es leicht für Fremde, auf mich zuzugehen, und für eine Gruppe, mich aufzunehmen. Ich werde gern eingeladen.	❑
Regel 4: Integer sein	Wenn ich integer bin, lebe ich meine Worte, man kann sich auf mich verlassen. Das spricht sich herum. Andere beginnen, mir zu vertrauen, und das zahlt sich aus.	❑
Regel 5: Engagiert sein	Wenn ich mich engagiere, lasse ich Einzelne und Netzwerke aktiv Anerkennung und Respekt spüren und unterstütze sie zu wachsen. Das macht mich attraktiv und wertvoll für andere.	❑

Quelle: Sylvia Becker-Hill: Networking für Fortgeschrittene. Ein Profi berichtet, in: Giso Weyand (Hg.): Das gewisse Extra. Beratermarketing für Fortgeschrittene, Bonn 2008, S. 251–280.

17.2 Networking einsetzen

Wahllos Kontakte zu pflegen kostet viel Zeit, bringt Ihnen aber kaum zusätzliches Geschäft. Überlegen Sie daher, welche Netzwerke für Sie interessant sind – und bauen Sie dann gezielt Ihr Kontaktnetz auf. Anhand der folgenden Checklisten können Sie Ihre Networking-Strategie entwickeln und umsetzen.

Checkliste: Wie Sie das richtige Netzwerk finden

Es gibt zahllose Networking-Gelegenheiten. Entscheidend ist deshalb, dass Sie die richtigen Netzwerke aussuchen – immer mit Blick auf Ihre Positionierung.

Frage	Ihre Antwort
Wo liegen Ihre wertvollsten Kontakte? In welchen Bereichen sollten Sie Kontakte knüpfen, um Ihr Geschäft zu entwickeln? Denken Sie nicht nur an Ihre Zielgruppe (Kunden, potenzielle Kunden), sondern zum Beispiel auch an die eigene Branche (Mitbewerber), an die Medienbranche (Journalisten, Redaktionen) oder an Hochschulen (Wissenschaftler, Lehrstühle).	
In welchen dieser Bereiche wollen Sie gezielt ein Kontaktnetz aufbauen?	
Welches Networking-Ziel verfolgen Sie in den ausgewählten Bereichen? Das kann zum Beispiel sein: • Im Netzwerk »Zielgruppe«: drei neue Kunden in den nächsten 12 Monaten. • Im Netzwerk »eigene Branche«: regelmäßiger Austausch mit Kollegen. • Im Netzwerk »Medien«: alle zwei Monate einen Fachartikel platzieren. • Im Netzwerk »Wissenschaft«: Kontakt zu den führenden Wissenschaftlern Ihres Spezialgebiets, frühzeitige Kenntnis neuer Studien, Beteiligung an einer Studie.	
Wie knüpfen Sie Kontakte in die ausgewählten Bereiche? Welche Netzwerke gibt es hier bereits (Verbände, Vereine, Stammtische, Kongresse ...)?	

Checkliste: Wie Sie Ihre Beziehungen professionell pflegen

Ein wichtiger Kontakt braucht Pflege und Aufmerksamkeit – sonst stirbt er, bevor er Früchte tragen kann. Achten Sie deshalb auf die Hinweise dieser Checkliste.

Elemente einer professionellen Beziehungspflege		beachtet
Reaktionszeit	Wie schnell reagieren Sie üblicherweise auf einen neu entstandenen Kontakt? Machen Sie es sich zur Gewohnheit, innerhalb von 24 Stunden zu reagieren.	❑
Verwaltung der Kontaktdaten	Machen Sie sich nach einem Gespräch auf dem Rücken der Visitenkarte Notizen – damit Sie später wissen, wen Sie wann und wo getroffen haben und was Sie mit ihm vereinbart haben.	❑
	Nutzen Sie bei bestimmten Anlässen (zum Beispiel wenn Sie einen Kongress oder eine Messe besuchen) ein spezielles Kontaktsammelblatt, auf dem die Visitenkarten aufgeklebt werden und das Platz für weitere Notizen bietet.	❑
	Haben Sie eine Software, um Ihre Kontaktdaten professionell zu verwalten? Achten Sie darauf, neue Kontakte regelmäßig einzupflegen.	❑
Aktionsstrategie	Wenn Sie versprochen haben, eine Information zu geben oder einen Kontakt zu vermitteln – unbedingt Wort halten.	❑
	Überlegen Sie, welche Kontakte für Sie besonders wertvoll sind – und entwickeln Sie einen Aktionsplan für die Kontaktpflege: • Sammeln Sie Ideen für die Kontaktpflege (Karten, Briefe, Geschenke, Ihr neues Buch mit persönlicher Widmung) und halten Sie die Anlässe (Geburtstage, Jahrestage ...) fest. • Nutzen Sie für die Verwaltung dieser Daten eine geeignete Software oder übertragen Sie diese Aufgabe Ihrer Sekretärin.	❑
	Konzentrieren Sie sich auf die besonders wertvollen Kontakte, pflegen Sie diese Beziehungen persönlich und systematisch.	❑

In Anlehnung an Sylvia Becker-Hill: Networking für Fortgeschrittene. Ein Profi berichtet, in: Giso Weyand (Hg.): Das gewisse Extra. Beratermarketing für Fortgeschrittene, Bonn 2008, S. 251–280.

18 Vom Kunden zum Stammkunden

18.1 In Verbindung bleiben

Kurzinfo

In den vorangegangenen Checklisten haben Sie verschiedene Strategien kennengelernt, um neue Kunden zu gewinnen. Doch tun Sie genug, um diese Kunden auch dauerhaft zu halten? Wie oft haben Sie nach Abschluss eines Auftrags noch Kontakt zum Kunden? Sicher: In erster Linie entscheidet die Qualität Ihrer Arbeit, ob ein Kunde zufrieden ist und wiederkommt. Darüber hinaus gibt es jedoch verschiedene Methoden und Instrumente, um mit einem Kunden in Verbindung zu bleiben und so eine stabile Beziehung entstehen zu lassen.

Checkliste: Wie Sie die Auftragsabwicklung für die Kundenbindung nutzen

Während der Auftragsabwicklung möchte der Kunde sich gut betreut fühlen. Genau daran entscheidet sich sehr oft, ob dem aktuellen Auftrag weitere folgen.

Maßnahmen	beachtet
Achten Sie auf einen gut funktionierenden Service. Stellen Sie sicher, dass der Kunde Sie bei Fragen erreicht und bei aktuellen Umsetzungsproblemen umgehend eine Lösung erhält.	❑
Sorgen Sie dafür, dass der Kunden sich immer ausreichend informiert fühlt: • Halten Sie den Kunden auf dem Laufenden, auch wenn ein Projekt planmäßig verläuft. • Rufen Sie ihn zum Beispiel an, wenn bei der Auftragsabwicklung ein wichtiger Zwischenschritt erreicht ist. • Informieren Sie den Kunden umgehend, wenn sich der Projektfortgang verzögert oder Änderungen im Ablauf erforderlich werden.	❑
Achten Sie darauf, dass der Kunde Ihre Vorgehensweise versteht und die Besonderheit Ihrer Arbeit oder Ihres Lösungsweges nachvollziehen kann.	❑
Pflegen Sie nicht nur Kontakte zu Ihren eigentlichen Geschäftspartnern, sondern auch zum Arbeitsumfeld. Die Meinung der Sekretärin, des Assistenten oder wichtiger Mitarbeiter kann darüber entscheiden, ob Sie von einem Unternehmen zukünftig Aufträge erhalten.	❑

Checkliste: Wie Sie Beschwerden für die Kundenbindung nutzen

Bei Beschwerden ist die Situation heikel, der Kunde droht verloren zu gehen. Andererseits stärken gut erledigte Reklamationen die Kundenbindung.

Umgang mit Beschwerden	**beachtet**
Nehmen Sie den Kunden ernst, wenn er sich beschwert. Lassen Sie sich sein Anliegen genau erzählen, verschaffen Sie sich durch Nachfragen ein genaues Bild.	❑
Bleiben Sie ruhig, wenn Ihr Kunde vorwurfsvoll agiert. Zeigen Sie Verständnis und versuchen Sie, mit sachlichen Fragen gezielt das eigentliche Problem einzugrenzen.	❑
Nehmen Sie sich des Problems an und informieren Sie den Kunden über die weiteren Schritte.	❑
Sorgen Sie dafür, dass die Beschwerde umgehend bearbeitet wird.	❑
Rufen Sie nach Erledigung der Beschwerde beim Kunden noch einmal an. Fragen Sie, ob die Beschwerde zu seiner Zufriedenheit erledigt und alles in Ordnung ist.	❑
Prüfen Sie intern, worin die Ursache der Beschwerde liegt. Verbessern Sie ggf. Ihren Prozess oder Ihr Produkt an dieser Stelle.	❑
Bedanken Sie sich beim Kunden, wenn die Beschwerde berechtigt war. Schicken Sie Ihrem Kunden einen kurzen Brief: • Bedanken Sie sich ausdrücklich für den Hinweis auf den Fehler oder die Schwachstelle Ihres Leistungsangebots. • Teilen Sie mit, dass Sie die Konsequenz gezogen und Ihr Produkt oder Ihre Organisation verändert haben. • Legen Sie dem Brief ein kleines Geschenk bei als Zeichen, dass Sie solche Rückmeldung wertschätzen und dem Kunden wirklich dankbar sind.	❑

Checkliste: Wie Sie auf fachlicher Ebene Kontakt halten

Bringen Sie sich regelmäßig in Erinnerung, indem Sie Ihren Kunden fachliche Informationen zusenden. Entscheidend ist dabei ein konkreter Nutzen für den Kunden.

Maßnahmen	**beachtet**
Stellen Sie fest, welche fachlichen Themen für Ihre Kunden besonders interessant sind.	❑
Verfolgen Sie diese Themen oder beauftragen Sie Ihre Sekretärin damit. • Gibt es ein neues Buch, das zu diesem Thema erschienen ist? • Welche Artikel sind besonders interessant? • Gibt es aktuelle Termine, zum Beispiel Seminare, Vorträge (zu denen Sie möglicherweise auch selbst hingehen)?	❑

Geben Sie Ihrem Kunden hin und wieder Informationen und Tipps mit Nutzwert, schicken Sie ihm eine interessante Neuerscheinung auch einmal zu.	❑
Lassen Sie Ihre Kunden an Ihren eigenen Erfahrungen teilhaben: • Berichten Sie über selbst erlebte Beispiele aus Ihrer täglichen Arbeit als Berater, Trainer oder Coach (sofern für Ihren Kunden interessant). • Geben Sie Tipps, die aus Ihrer eigenen Erfahrung stammen.	❑
Setzen Sie für die Vermittlung von Fachinformationen und Tipps auch den »Klassiker der Kundenbindung« ein: den Beratungsbrief (siehe Abschnitt 12.1).	❑

Checkliste: Wie Sie eine persönliche Bindung aufbauen

Kleine Aufmerksamkeiten schaffen eine persönliche Beziehung, mit der Sie wichtige Kunden an sich binden – auch geschäftlich. Hier erhalten Sie einige Anregungen.

Maßnahmen	**beachtet**
Merken Sie sich die persönlichen Vorlieben der Kunden (siehe nächste Checkliste »Wie Sie die notwendigen Kundendaten sammeln«) – und machen Sie Ihren Kunden eine kleine Freude, wenn sich die Gelegenheit bietet.	❑
Gratulation zum Geburtstag: • Je nach Wichtigkeit des Kunden mit einer Karte oder einem Geschenk. • Achten Sie darauf, dass Sie Geschmack und Interesse des Kunden treffen (siehe nächste Checkliste »Wie Sie die notwendigen Kundendaten sammeln«).	❑
Persönliche Weihnachtskarte, bei wichtigen Kunden mit Geschenk.	❑
Aufmerksamkeiten übers Jahr: • Achten Sie auf Anlässe, um Ihren Kunden kleine Aufmerksamkeiten zukommen zu lassen. • Gelegenheiten sind zum Beispiel Sommer- oder Winterferien. So überraschte ein Berater seine Kunden, indem er ihnen für die warmen Sommerabende ein Cocktail-Set zukommen ließ.	❑

Checkliste: Wie Sie die notwendigen Kundendaten sammeln

Eine professionelle Kundenbetreuung setzt voraus, dass Sie neben geschäftlichen und fachlichen Daten auch Informationen über persönliche Vorlieben sammeln.

Maßnahmen		**beachtet**
Datenbank »Wie sammle ich die Daten?«	Legen Sie eine Datensammlung über die wichtigen Kunden an, die Sie intensiv betreuen möchten: • Entscheiden Sie sich für eine geeignete Software, um die Kundendaten professionell zu verwalten.	❑

	• Im Falle einer überschaubaren Anzahl von Kunden genügt selbstverständlich eine einfache Lösung (kleine Datenbank oder auch nur eine Tabelle), die Sie nach und nach ergänzen.	❑
Inhalt »Welche Daten benötige ich?«	Erfassen Sie in Ihrer Datenbank die geschäftlich erforderlichen Grunddaten: • Kontaktdaten (Name, Titel, Funktion, Adresse, Telefon, E-Mail ...), • Potenzial des Kunden (Welche Aufträge sind möglich? Wie groß ist das Interesse?), • laufende und abgeschlossene Aufträge, ggf. auch verlorene Aufträge (An wen verloren? Warum?), • Kundenhistorie (Telefonate, Meetings, Briefkontakte, E-Mails), • Betriebliche Veränderungen (neue Produkte, besondere Investitionen, neue Standorte, neue Ansprechpartner in einzelnen Bereichen ...).	❑
	Erfassen Sie in Ihrer Datenbank persönliche Informationen über Ihre Kunden – zum Beispiel: • Hobbys und Interessen, • Urlaubsziele, • Familie, • Geburtstag, • Ideen für Kontaktpflege.	❑
Pflege »Wie halte ich meine Daten aktuell?«	Halten Sie Ihre Kundendatenbank aktuell. • Geben Sie Änderungen der geschäftlichen Grunddaten umgehend ein oder übertragen Sie diese Aufgabe an Ihrer Sekretärin. • Ergänzen Sie laufend die persönlichen Informationen über Ihre Kunden.	❑

18.2 Gemeinsame Aktivitäten

Kurzinfo

Sie haben verschiedene Instrumente kennengelernt, um mit Ihren Kunden in Verbindung zu bleiben. Ergänzend dazu sollten Sie Möglichkeiten schaffen, zumindest Ihre wichtigen Kunden regelmäßig persönlich zu sehen. Das kann eine persönliche Einladung zu einem hochkarätigen Konzert sein, eine exklusive Veranstaltung in kleinem Kreis oder ein breit angelegtes Kundenforum. Wichtig ist bei allen Maßnahmen, dass sie professionell durchgeführt werden und Ihre Botschaftslinie unterstützen.

Checkliste: Wie Sie Ihre Kunden exklusiv pflegen

Besonders wichtige Kunden sollten Sie exklusiv pflegen. Gemeinsame Aktivitäten mit jeweils einem Kunden tragen dazu bei, ein stabiles Vertrauensverhältnis aufzubauen.

Maßnahmen	**geprüft**
Einladungen zum Essen (Abendessen, Mittagessen).	❑
Gemeinsame Freizeitaktivitäten: • Wenn Ihr Kunde zum Beispiel Ferrari-Liebhaber ist: Laden Sie ihn für den Ferraritag ein und fahren Sie mit. • Wenn Ihr Kunde Golfspieler ist, gehen Sie mit ihm Golfen. • Laden Sie den Kunden zu Besichtigungen, hochkarätigen Konzerten etc. ein	❑
Gemeinsamer Fachartikel: Schlagen Sie Ihrem Kunden vor, mit ihm zusammen einen Fachartikel zu veröffentlichen. • Anlass kann ein erfolgreich abgeschlossenes Projekt im Unternehmen des Kunden sein. • Gehen Sie hierzu vor, wie im Abschnitt 14.1 beschrieben – beziehen Sie jedoch beim Kontakt mit der Zeitschrift den Kunden von Anfang an als Co-Autor mit ein. • Engagieren Sie für die professionelle Abwicklung ggf. einen Ghostwriter, der dem Kunden (und Ihnen!) die Schreibarbeit abnimmt.	❑

Checkliste: Was Sie mit Ihren Kunden gemeinsam unternehmen können

Es gibt eine Reihe von Möglichkeiten, mit Ihren wichtigsten Kunden gemeinsam etwas zu unternehmen. Überlegen Sie, was für Sie infrage kommt.

Maßnahmen	**geprüft**
Veranstalten Sie ein »Kundenforum« oder eine »Kundenveranstaltung« (siehe folgende Checkliste).	❑
Laden Sie einen kleinen Kreis Ihrer Kunden zu einem Kamingespräch ein. • Wählen Sie ein aktuelles Leidensdruckthema Ihrer Kunden. • Gewinnen Sie einen Top-Experten zu dem Thema. • Laden Sie in exklusivem Rahmen ein.	❑
Organisieren Sie einen gemeinsamer Ausflug, Theaterbesuch oder ein anderes Event: Wenn Sie Ihren Sitz nahe an einem See oder Fluss haben, können Sie ein Ausflugsschiff chartern. Folgen Sie dem Beispiel einer Hamburger Unternehmensberatung, die jedes Jahr mit ihren Kunden auf dem »ältesten fahrbereiten Feuerschiff der Welt« in See sticht. Die Fahrt auf der Elbe ist ein unvergessliches Erlebnis und bietet gleichzeitig viele Möglichkeiten, sich im ungezwungenen Rahmen auszutauschen.	❑
Überlegen Sie, ob Sie aus Ihrer Kundenveranstaltung eine Tradition machen. Beziehen Sie dann die Veranstaltung fest in Ihre Jahresplanung mit ein.	❑

Checkliste: Einladung zur Kundenveranstaltung

Die Kundenveranstaltung ist ein Klassiker unter den Kundenbindungsinstrumenten. Achten Sie auf folgende Aspekte, um die Veranstaltung erfolgreich zu organisieren.

Schritte		beachtet
Termin	Legen Sie fest, wann Sie Ihre Kundenveranstaltung durchführen möchten. Berücksichtigen Sie dabei Ferien und wichtige Branchentermine (Kongresse, Messen).	❑
Thema und Programm	Stellen Sie die Kundenveranstaltung unter ein Leitthema. Achten Sie darauf, dass dieses Thema • einen Leidendruck Ihrer Kunden anspricht und • Ihre Botschaftslinie unterstützt.	❑
	Achten Sie bei der Zusammenstellung des Programms auf reichlich Zeit zum Austausch untereinander (Kaffeepausen, Mittagessen...).	❑
Referenten	Gewinnen Sie für das Leitthema einen kompetenten und möglichst prominenten Gastredner. • Fragen Sie Kollegen und Kunden, suchen Sie in Fachzeitschriften und Internet, welche Referenten für das Thema infrage kommen. • Nehmen Sie mit mehreren Referenten Kontakt auf und informieren Sie sich über Vortragsinhalte, Art der Präsentation, Honorar, eventuelle Zusatzkosten für Reise, Übernachtung und Spesen. • Besprechen Sie den Inhalt des Vortrags, organisieren Sie Unterlagen für die Teilnehmer.	❑
	Legen Sie die weiteren Referenten fest. Diese können durchaus aus dem Kreise Ihrer Kunden kommen.	❑
Ort	Wählen Sie einen geeigneten Veranstaltungsort. Achten Sie auf: • ausreichende Größe mit Blick auf die Teilnehmerzahl, • gute Erreichbarkeit, • freundliches, engagiertes Personal, • das technische Equipment (Flipchart, Beamer, Internetanschluss...).	❑

<table>
<tr><td rowspan="3">Einladung</td><td>Erstellen Sie eine professionelle Einladung, vergeben Sie den Auftrag hierfür an einen Grafiker:
• Die Einladungskarte entspricht in Design, Papierauswahl und Druck der Corporate Identity Ihres Unternehmens.
• Design und Text sind spannend inszeniert (Ansprache des Lesers, zugkräftiges Motto der Veranstaltung, Besonderheit des Gastredners herausgestellt, Nutzen der Veranstaltung, siehe hierzu Teil V).
• Achten Sie auf Vollständigkeit der Basisinformationen (Datum und Uhrzeit, Veranstaltungsort mit Adresse, Angaben zu Hotel und Bewirtung, Bitte um Antwort, Ansprechpartner, E-Mail und Telefonnummer).</td><td>❑</td></tr>
<tr><td>Laden Sie die Ihnen wichtigen Kunden ein:
• Eine erste Ankündigung können Sie bereits drei bis vier Monate vor dem Termin per E-Mail versenden.
• Die Einladung selbst sollten Sie etwa zwei Monate vor dem Termin per Post verschicken – mit der Bitte um Antwort innerhalb einer festgelegten Frist.</td><td>❑</td></tr>
<tr><td>Informieren Sie die Presse über Ihre Veranstaltung:
• Machen Sie der ansässigen Zeitung deutlich, dass Sie einen hochkarätigen Redner eingeladen haben, der Neues zu einem aktuellen Thema sagen wird. Regen Sie einen Fototermin und ein Pressegespräch an.
• Laden Sie Ihnen bekannte Fachjournalisten ein, an der Veranstaltung teilzunehmen. Bieten Sie an, bei Interesse Interviews mit Referenten und Teilnehmern zu vermitteln.
• Bereiten Sie einen Pressetext vor (siehe Abschnitt 14.3).</td><td>❑</td></tr>
<tr><td rowspan="4">Ablauf</td><td>Stellen Sie eine professionelle Organisation sicher, einschließlich einer guten Bewirtung.</td><td>❑</td></tr>
<tr><td>Führen Sie persönlich mit einer kurzen Begrüßungsrede in die Veranstaltung ein.</td><td>❑</td></tr>
<tr><td>Achten Sie auf die Einhaltung des Zeitplans.</td><td>❑</td></tr>
<tr><td>Fassen Sie am Ende die Ergebnisse zusammen, heben Sie die Bedeutung des Tages und den Nutzen für die Teilnehmer hervor.</td><td>❑</td></tr>
<tr><td>Dank</td><td>Bedanken Sie sich innerhalb einer Woche bei den Kunden für die Teilnahme; legen Sie eine Aufmerksamkeit bei, die an den Tag erinnert.</td><td>❑</td></tr>
</table>

Checkliste: Die Kunden zum Feedback einladen

Laden Sie einen ausgewählten Kundenkreis zu einem Feedback-Tag ein. Ihre Kunden fühlen sich einbezogen und ernst genommen – und Sie selbst erhalten wertvolle Hinweise.

Schritte		beachtet
Anlass	Der Feedback-Tag erfordert einen Anlass, der den Zeitaufwand aller Beteiligten rechtfertigt. *Beispiel:* • Als Berater haben Sie im zurückliegenden Jahr in elf Unternehmen ein Qualitätsmanagement-System eingeführt. Laden Sie die Geschäftsführer dieser Häuser zu einer Manöverkritik ein. • Sie haben ein neues Produkt entwickelt, das ein akutes Leidensdruckthema Ihrer Zielgruppe lösen soll. Bevor Sie auf den Markt gehen, können Sie das Feedback eines ausgewählten Kundenkreises einholen. • Sie feiern Jubiläum, sind zum Beispiel fünf Jahre am Markt. Nun möchten Sie wissen: Was lässt sich an Ihrer Arbeit, an Ihrem Unternehmen verbessern?	❑
Einladung	Überlegen Sie, welche Kunden Sie einladen: • Wer kann zum Thema etwas beitragen? Von wem erwarten Sie wertvolle Hinweise? • Wer gibt gern Feedback, fühlt sich geehrt, wenn er in Ihre Unternehmensentwicklung einbezogen wird?	❑
	Laden Sie die ausgewählten Kunden zum Feedback-Tag ein: • Machen Sie in der Einladung klar, worum es geht: um konstruktive Kritik des Kunden zu Ihrer Arbeit. • Signalisieren Sie gleichzeitig, dass auch der Kunde profitiert – zum Beispiel vom intensiven Austausch über ein akutes Leidensdruckthema. • Machen Sie klar, dass Sie das Kommen des Kunden honorieren – in der Regel erhalten die Teilnehmer eine Vergütung.	❑
Ablauf	Planen Sie den Ablauf nach einer festgelegten, den Teilnehmern bekannten Tagesordnung.	❑
	Achten Sie darauf, dass die Kunden einen positiven Eindruck Ihres Unternehmens erhalten. Beziehen Sie Ihre Mitarbeiter (Berater-Kollegen, Sekretärin) mit ein.	❑
	Der Feedback-Tag hat den Charakter eines Workshops, bei dem Sie Ihr Berater-Instrumentarium einsetzen (zum Beispiel Präsentation des Themas, Brainstorming, Strukturierung der Anregungen, Ableitung von Maßnahmen...).	❑
	Lassen Sie den Kunden die Rolle des Beraters spielen. Holen Sie Tipps und Anregungen ein, fragen Sie ihn nach Argumenten, Anwendungsideen und Verbesserungsmöglichkeiten.	❑

Dank	Bedanken Sie sich innerhalb einer Woche bei den Kunden für ihr Kommen und das konstruktive Feedback.	❑
	Machen Sie deutlich, inwiefern Ihnen der Feedback-Tag wertvolle Hinweise gegeben hat – und dass auch die Kunden von den Verbesserungen profitieren werden.	❑

Teil IV

Regelmäßige Planung

19 Persönliche Planung

von Nadine Hamburger (www.nadinehamburger.de)

19.1 Aktuellen Handlungsbedarf feststellen

Als Berater können Sie Ihren Beruf gestalten wie kaum eine andere Berufsgruppe. Umso größer ist die Herausforderung, sich nicht zu verzetteln, sondern den Weg zu finden, der Sie nicht nur erfolgreich, sondern auch langfristig zufrieden und kraftvoll sein lässt. Das schaffen Sie, indem Sie sich regelmäßig Ihrer persönlichen Ziele, Persönlichkeitsmerkmale und Motivation bewusst werden und Ihre Geschäftsstrategie darauf aufbauen. Die folgenden Checklisten helfen Ihnen, möglichen Handlungsbedarf festzustellen und neue Optionen anhand Ihrer persönlichen Planung zu überprüfen.

Checkliste: Mein persönlicher Planungsstand – Überblick

Wie bewusst sind Ihnen Ihre persönlichen Ziele, Ihre Eigenschaften, Kompetenzen und Motivationen? Hier stellen Sie Ihren aktuellen Stand und Handlungsbedarf fest.

Bereich	Fragen zur Festlegung der Ziele	ja	nein
Kompetenz und Erfahrungen	Sie kennen Ihre fünf Kernkompetenzen ...	❑	❑
	... und nutzen sie im Privaten/Beruflichen so weit wie möglich.	❑	❑
	Sie kennen Ihre besonderen Erfahrungs- und Wissensgebiete ...	❑	❑
	... und nutzen sie im Privaten/Beruflichen so weit wie möglich.	❑	❑
	Sie kennen die Rahmenbedingungen, unter denen Sie Höchstleistung erzielen ...	❑	❑
	... und nutzen sie im Privaten/Beruflichen so weit wie möglich.	❑	❑

Werte und Motive	Sie kennen Ihre fünf wichtigsten privaten Werte.	❑	❑
	Sie kennen Ihre fünf wichtigsten beruflichen Werte.	❑	❑
	Ihnen ist bewusst, wie weit Ihre Werte derzeit erfüllt sind.	❑	❑
	Sie wissen, was Sie derzeit motiviert und demotiviert.	❑	❑
	Auch andere können Ihre Kernwerte erkennen – sie spiegeln sich in Ihrem Leben und Ihrer Außenwirkung wider.	❑	❑
	Sie wissen, was Sie noch optimieren können und wollen – und planen entsprechende Maßnahmen ein.	❑	❑
Vision	Sie kennen Ihre persönliche und berufliche Vision.	❑	❑
	Ihre Vision berührt Sie emotional, sie fordert und motiviert Sie.	❑	❑
	Ihre Vision ist in Ihrem Alltag verankert, das heißt, Sie haben sie zumindest wöchentlich vor Augen, zum Beispiel anhand eines Symbols im Büro oder im Terminplaner.	❑	❑
	Ihre täglichen Tätigkeiten bringen Sie Ihrer Vision näher.	❑	❑
Ziele	Sie haben Ihre Ziele für einen Zeitpunkt in sechs bis sieben Jahren formuliert und welche positiven Gefühle Sie damit verbinden.	❑	❑
	Sie haben Ihre persönlichen und beruflichen Ziele für die kommenden 12 Monate niedergeschrieben.	❑	❑
	Ihre Ziele sind konkret, realistisch, attraktiv, terminiert – und Sie haben die Ressourcen, um sie zu erreichen.	❑	❑
	Sie haben Lust, Ihre Ziele zu erreichen.	❑	❑
	Sie haben bei Ihrer Zielplanung mögliche Hindernisse bedacht.	❑	❑

Checkliste: Wie kommen Sie rüber?

Spiegeln sich Ihre Werte und Motive in dem wider, was Sie tun und was andere von Ihnen wahrnehmen? Hier überprüfen Sie dies mit dem Blick von außen.

Schritte	erledigt
Selbsteinschätzung Hieran können andere meine persönlichen Werte erkennen: 1. Wert: Merkmale: 2. Wert: Merkmale: 3. Wert: Merkmale: 4. Wert: Merkmale: 5. Wert: Merkmale: Hieran können andere meine beruflichen Werte erkennen: 1. Wert: Merkmale: 2. Wert: Merkmale: 3. Wert: Merkmale: 4. Wert: Merkmale: 5. Wert: Merkmale:	❑
Fremdeinschätzung Erkennen Ihre Familie, Freunde, Kollegen oder Kunden Ihre drei wichtigsten privaten bzw. beruflichen Werte? Fragen Sie sie: • »Was, meinst du, ist mir in meinem Privatleben besonders wichtig? Woran machst du das fest?« • »Was, meinen Sie, ist mir in meiner Arbeit besonders wichtig? Wie kommen Sie darauf?«	❑

Checkliste: Die neue Option – will ich das wirklich?

Sie haben eine neue Idee oder ein interessantes Angebot – aber wollen Sie das wirklich? Bringt es Sie weiter oder verzetteln Sie sich damit? Überprüfen Sie es hier.

Prüffrage	ja	nein	Kommentar
Entspricht das Projekt Ihren Werten und Ihrer Motivation (oder erliegen Sie gerade dem Reiz des Neuen)?	❑	❑	
Brennen Sie für dieses Thema – würden Sie dafür alles andere stehen und liegen lassen?	❑	❑	
Entspricht dieses Projekt Ihren Fähigkeiten? Können Sie in diesem Bereich ausreichend kompetent auftreten oder sich in realistischer Zeit entsprechende Fähigkeiten aneignen?	❑	❑	
Wie können Sie Ihre Kenntnisse und Erfahrungen für dieses neue Vorhaben nutzen?	❑	❑	
Lässt sich die Idee in einem Arbeitsumfeld realisieren, in dem Sie volle Leistung erbringen müssen?	❑	❑	
Kommen Sie damit Ihrer Vision einen Schritt näher?	❑	❑	
Erreichen Sie damit Ihre beruflichen und privaten Ziele? Können Sie gegebenenfalls Ihre Ziele (verträglich) anpassen?	❑	❑	

Checkliste: Persönliche Bestandsaufnahme (einmal jährlich)

Der Rückblick motiviert, klärt und gibt neue Ideen: Sie reflektieren und lernen aus Ihren Erfahrungen und nutzen sie für das kommende Jahr.

Aufgaben und Fragen	erledigt
Erfassen Sie intuitiv Ihre derzeitige Situation Zeichnen Sie spontan ein Bild Ihrer derzeitigen Situation. Nehmen Sie sich hierfür ca. 20 Minuten Zeit. Sie können berufliche und private Situation in einem oder zwei Bildern zeichnen. Notieren Sie anschließend stichpunktartig Ihre Ideen zu folgenden vier Punkten: 1. Ihre besonderen Fähigkeiten 2. Ihre wichtigsten Erfahrungen	❑

3. Verborgene Ziele und Wünsche 4. Ihre bisher ungenutzten Ressourcen (wie Kompetenzen, Erfahrungen, Qualitäten, Kontakte, Finanzen) Vergleichen Sie nun Ihre Notizen mit dem Bild. Was fällt Ihnen auf? Wie passt das zusammen? Wie ist nun das Gesamtbild der Situation? Welche Ideen oder Erkenntnisse kommen Ihnen?	
Blicken Sie zurück auf die vergangenen 12 Monate: Was waren Ihre Themen und Erfolge? Beruflich: • Geschäftsentwicklung: • mit Kunden: • Kooperationen: Persönlich: • Persönliche Entwicklung: • mit Freunden/Familie: • Lebensbalance: Schöne Momente: Was fehlte: Bewertung Ihrer Lebensbereiche (nach Schulnoten von 1=sehr gut bis 6=ungenügend): • Beruf/Karriere: • Freunde/Familie: • Partner/Beziehung: • Hobbys: • Persönliche Entwicklung: • Gesundheit: • Umwelt/Lebensraum: • Finanzen: Ihre Lernerfahrungen: Fazit:	❑
Rückblick über mehrere Jahre Haben Sie bereits die vorhergehenden Jahre reflektiert? Falls nicht, machen Sie den oben genannten Rückblick ebenfalls für die einzelnen früheren Jahre. Über viele Jahre kann dies einige Zeit in Anspruch nehmen, dafür kann dieser weitere Rückblick sehr aufschlussreich und lohnend sein.	❑

19.2 Eigene Kompetenzen nutzen

Machen Sie sich klar, was Sie besonders gut können – und überprüfen Sie regelmäßig, ob Ihre Aufgaben noch dazu passen. Nur wenn Sie wissen, was Sie als Person ausmacht, können Sie Ihre Kompetenzen richtig einschätzen und unnötige Risiken oder Energieverlust umgehen. Die folgenden Checklisten helfen Ihnen, Ihre Kompetenzen zu ermitteln und auch Ihr Arbeitsumfeld daran auszurichten. Auf dieser Basis können Sie leichter und fundierter planen und Entscheidungen treffen.

Checkliste: Fähigkeiten und Qualitäten

Was können Sie besonders gut? Das sollten Sie natürlich nutzen – dann gelingen Ihnen Ihre Aufgaben nicht nur wunderbar leicht, sondern auch besonders gut.

Fragen	beantwortet
Was können Sie besonders gut? Was ist Ihnen bereits als Kind besonders leicht gefallen? Eigene Stärken sind einem selber häufig nicht präsent – schließlich mussten wir sie uns nicht mühsam aneignen. Fragen Sie daher Freunde, Kollegen oder Kunden, welche Stärken sie bei Ihnen sehen. Denken Sie dabei an die verschiedenen Kompetenzbereiche: • Fachlich: Produktkenntnisse, Fachwissen, Analysieren, innovatives Denken und Handeln ... • Methodisch: Organisieren, Systematik, Planung, Entscheidungen, Projektarbeit, Gesprächsführung ... • Persönlich: Engagement, Zielorientierung, Initiative, Belastbarkeit, Selbstständigkeit, Urteilsvermögen ... • Sozial: Konfliktfähigkeit, Überzeugungskraft, Loyalität ... • Emotional: Einfühlungsvermögen, Selbstmotivation, Selbstreflexion, Umgang mit Emotionen ...	❑
Welches sind Ihre fünf größten Stärken? 1. 2. 3. 4. 5.	❑

Checkliste: Kenntnisse und Erfahrungen

Wissen und Erfahrung sind der nächste (Erfolgs-)Baustein für kompetentes Auftreten, Arbeiten und gutes Gelingen. Was haben Sie zu bieten?

Fragen	beantwortet
Welche fünf Dinge haben Sie bisher in Ihrem Leben erreicht, auf die Sie besonders stolz sind? 1. 2. 3. 4. 5.	❑
Welche Herausforderungen (beruflich und privat) hatten Sie in Ihrem Leben? Wie sind Sie damit umgegangen? Was haben Sie daraus gelernt?	❑
Welches sind Ihre besonderen Interessengebiete (Oldtimer, Segeln, Frauen in Führungspositionen ...)?	❑

Checkliste: Arbeitsumfeld und Rahmenbedingungen

Legen Sie hier die optimalen Rahmenbedingungen für Ihre Arbeit fest – und schaffen Sie damit eine Basis, um auch im Alltag Ihr volles Leistungspotenzial zu nutzen.

Fragen	beantwortet
In welchen Situationen sind Sie zu Höchstleistungen aufgelaufen? Welche Rahmenbedingen waren da erfüllt?	❑
In welcher Arbeitsatmosphäre arbeiten Sie besonders gern und gut?	❑
Welche Infrastruktur brauchen Sie für gute und zügige Arbeit?	❑
Brauchen Sie eher Ruhe oder Abwechslung um sich herum?	❑
Zu welchen Tageszeiten arbeiten Sie am besten?	❑
Meine optimalen Arbeitseinheiten und -zeiten sind:	❑
Meine optimalen Pauseneinheiten und -zeiten sind:	❑
Wie verbringen Sie Ihre Pausen am besten? (Entspannung/Meditation, Bewegung/Sport, Ruhe, Einkaufsbummel, allein/mit anderen ...)	❑
Mein optimales Verhältnis: Arbeitszeit (Wochenstunden/Blöcke, Strategiezeiten, Arbeit mit Kunden): Freizeit (Feierabend, Wochenenden, freie Stunden am Tag): Urlaub (Jahresurlaub, Abstand und Dauer der Urlaube):	❑
Welche weiteren Rahmenbedingungen sind Ihnen wichtig?	❑

19.3 Eigene Werte zur Triebkraft machen

Die besten Fähigkeiten und Erfahrungen bringen Ihnen nichts, wenn Ihnen der Antrieb fehlt. Hier kommen Ihre persönlichen Werte und Motive ins Spiel. Sie sind nämlich bewusste und unbewusste Triebkräfte in Ihrem persönlichen und beruflichen Alltag. Wenn Ihnen da der Sprit ausgeht, sieht es schlecht aus mit Ihrer Zielerreichung. Arbeiten gehen immer schwerer von der Hand, sie kosten mehr Energie und scheitern womöglich. Die entscheidende Frage ist also: Wofür mache ich das eigentlich? Dieser Abschnitt leitet Sie dazu an, Ihre persönlichen Werte mit Ihren aktuellen Tätigkeiten möglichst weit in Einklang zu bringen.

Checkliste: Berufliche und private Werte

Je mehr Ihre Werte im Arbeits- und Privatleben erfüllt sind, desto energievoller und zufriedener gestaltet sich Ihr Leben. Überprüfen Sie regelmäßig Ihre Motivatoren.

<table>
<tr><td colspan="4">Welches sind Ihre beruflichen und persönlichen Werte?
Wie weit sind sie derzeit erfüllt? Was können und wollen Sie verändern?
Folgende Fragen können helfen, die Werte und Motive zu ermitteln:
• Was ist Ihnen im Privatleben und im Beruf besonders wichtig?
• Welche fünf Situationen der letzten 12 Monate haben Sie besonders glücklich gemacht? Warum?
• Welche weiteren Dinge oder Tätigkeiten geben Ihnen Energie und Lebensfreude? Was treibt Sie an?</td></tr>
<tr><th>Bereich</th><th>Werte und Motive (die wichtigsten zuerst)</th><th>Erfüllungsgrad (1= unerfüllt, 10= voll erfüllt)</th><th>Handlungsbedarf</th></tr>
<tr><td rowspan="3">Persönlich</td><td>1.</td><td></td><td></td></tr>
<tr><td>2.</td><td></td><td></td></tr>
<tr><td>3.</td><td></td><td></td></tr>
<tr><td rowspan="4"></td><td>4.</td><td></td><td></td></tr>
<tr><td>5.</td><td></td><td></td></tr>
<tr><td>6.</td><td></td><td></td></tr>
<tr><td>7.</td><td></td><td></td></tr>
</table>

Beruflich	1.		
	2.		
	3.		
	4.		
	5.		
	6.		
	7.		
Hinweis: Sie können den Erfüllungsgrad Ihrer Werte auch grafisch darstellen. Malen Sie einen Kreis und unterteilen Sie ihn in Kuchenstücke – für jeden Wert einen. Nun malen Sie die Kuchenstücke von innen heraus aus: Je höher der Wert erfüllt ist, desto weiter malen Sie das Kuchenstück von innen nach außen aus.			

19.4 Von der Vision zur Monatsplanung

Hier geht es um Ihr großes Ziel im Leben. Ihr berufliches Ziel sollte von Ihrem privaten Ziel abgeleitet sein – oder vielleicht ist es auch darin enthalten. Die tollste Vision bringt allerdings nichts, wenn Sie ihre Kraft nicht entfalten kann. Daher erhalten Sie hier einen Leitfaden, wie sie diese Kraft mitnehmen und in Ihren konkreten und realistischen Zielen verankern. So erhalten die Ziele nicht nur quantitative Aspekte (die viele nur bedingt motivieren), sondern auch motivierende qualitative Aspekte, wie beispielsweise das Gefühl, mit der Partnerin das Wochenende auf dem Segelboot zu verbringen.

Checkliste: Ihre Vision

Wie sieht Ihre private und berufliche Vision aus? Träumen Sie hier ruhig mal und lassen Sie alle inneren Begrenzungen los. Eine Vision bringt innere Ausrichtung und immense Kraft.

Aufgaben und Fragen	erledigt
Visionsreise Nehmen Sie sich etwas Zeit, entspannen Sie sich mit einigen tiefen Atemzügen und lassen Sie all Ihre alltäglichen Gedanken los. Setzen oder legen Sie sich bequem an einen ruhigen Ort. Schließen Sie die Augen und reisen Sie gedanklich in die Zukunft – schauen Sie, wie weit Sie kommen – 7 Jahre, 10 Jahre, 15 Jahre ... Verweilen Sie dort, tauchen Sie einfach ab und nehmen Sie wahr ... • ... wo Sie sind, • ... was Sie sehen und hören, • ... was Sie riechen oder schmecken, • ... welche Gefühle Sie wahrnehmen, • ... was Sie tun, • ... welche Menschen Sie umgeben – oder ob Sie allein sind, • ... was Sie schon alles geschafft haben. Kosten Sie dieses innere Erleben so richtig aus. Dann schauen Sie, ob Ihnen für diese Situation ein Symbol, ein Bild oder Wort erscheint. Nehmen Sie es aus Ihrer Visionsreise mit und kehren Sie langsam zurück in den Raum, in dem Sie sich hier und jetzt befinden, in die Gegenwart.	❑
Verankern Verankern Sie das Symbol oder den Begriff Ihrer Vision in Ihrem Alltag, zum Beispiel mit einer Postkarte am Kühlschrank, einer Muschel in Ihrem Portemonnaie, als Bildschirmschoner etc.	❑

Checkliste: Jahreszielplanung – persönlich

Die konkrete jährliche Zielplanung soll nicht ausufern, die folgenden Elemente reichen in der Regel aus. Leiten Sie hier realistische Ziele von Ihrer Vision ab.

Jährliche Zielplanung für das Jahr:
So soll mein Leben in sechs bis sieben Jahren aussehen Beschreiben Sie in der Gegenwartsform, was Sie machen, was Sie privat wie beruflich erreicht haben und wie sich das anfühlt.

Meine Ziele für die kommenden 12 Monate:	
Persönliche Ziele	Persönliche Entwicklung: Freunde/Familie: Lebensbalance: ... :
Berufliche Ziele	Geschäftsentwicklung: Kunden: Kooperationen: ... :
Finanzziele	»Wohlfühlziel« Nettoeinkommen: ... Sparen/Rücklagen: ... Summe: ...

Checkliste: Drei-Monats-Planung

Nun wird es sehr konkret. Formulieren Sie Ihre Drei-Monats-Ziele für Ihre unterschiedlichen Lebensbereiche. Nutzen Sie pro Ziel das folgende Formular:

Lebensbereich:			
Ziel:			
Daran werde ich erkennen, dass ich dieses Ziel erreicht habe:			
Dieser Zustand, dieses Gefühl ist damit verbunden:			
Meilenstein(e):	**Feier/Belohnung:**		
Konkrete Schritte:		**Ressourcen:**	**Termin:**
1. Schritt:			
2. Schritt:			

3. Schritt:		
Mögliche Hürden:		

20 Unternehmerische Planung

20.1 Periodenziele festlegen

Bevor Sie anhand der Jahresziele den genauen Kurs festlegen, sollten Sie grob wissen, wohin die Reise gehen soll. Wo möchten Sie mit Ihrem Unternehmen – je nach individueller Situation – in drei, fünf oder sieben Jahren stehen? Welchen Umsatz wollen Sie dann erwirtschaften? Welches Image haben Sie bis dahin aufgebaut? Mit welchen Kunden möchte Sie dann zusammenarbeiten? Die Periodenziele, die Sie mithilfe der folgenden Checklisten erarbeiten, legen Ihre betrieblichen Leitplanken fest. Nur so können Sie zuverlässig die gewünschte Richtung halten und haben einen Orientierungspunkt, um die Jahresziele festzulegen.

Checkliste: Ihr privater Monatsbedarf in fünf Jahren

Ausgangspunkt sind Ihre persönlichen Wünsche. Legen Sie fest, welchen monatlichen Betrag Sie zum Beispiel in fünf Jahren* zur Verfügung haben möchten.

Monatlicher Aufwand in fünf Jahren*	**Schätzung in Euro**
Private Ausgaben (Miete, Hausfinanzierung, Lebensmittel ...)	
Vorsorge und Versicherungen	
Persönliche Rücklagen	
Luxuszuschlag	
Sicherheitspuffer	
Summe (monatlich notwendiger Betrag)	

* Legen Sie Ihr Intervall individuell innerhalb eines Zeitraums zwischen drei und fünf Jahren fest.

Checkliste: Betriebswirtschaftliches Periodenziel (Einzelunternehmer)

Wenn Sie Einzelunternehmer sind: Bestimmen Sie nun, welchen Umsatz Sie erzielen müssen, um Ihren errechneten monatlichen Wunschbetrag zu erhalten.

Schritte	Hinweis	Beispiel	Ihre Schätzung
Privater Monatsbedarf (nach Steuern)	Entnehmen Sie den Betrag der vorhergehenden Checkliste.	5.000 €	
+ Einkommensteuer	Schätzen Sie Ihre Einkommenssteuer.	+ 2.500 €	
Nötiges monatliches Bruttoeinkommen		7.500 €	
+ Firmenkosten	Schätzen Sie Ihre Firmenkosten (inklusive Unternehmensteuern) – Grobe Faustformel: Die Kosten liegen – wenn Sie gut wirtschaften – bei etwa 50 Prozent des Umsatzes.	+ 7500 €	
Benötigter Umsatz (monatlich)	Addieren Sie Monatsbedarf, Steuern und Firmenkosten.	15.000 €	
Benötigter Jahresumsatz	Multiplizieren Sie den monatlich benötigten Umsatz mit 12.	180.000 €	
Fazit	*Beispielfall:* »Mein betriebswirtschaftliches Periodenziel als Einzelunternehmer ist es, in fünf Jahren einen Jahresumsatz von 180.000 Euro zu erzielen. Dann habe ich monatlich 5.000 Euro zu Verfügung.« *Notieren Sie Ihr Periodenziel:*		

Quelle: Willi Kreh, www.kreh.de.

Checkliste: Betriebswirtschaftliches Periodenziel (Unternehmen)

Wenn Sie ein Unternehmen führen: Bestimmen Sie, welchen Umsatz Ihr Betrieb erzielen muss, damit Sie und Ihre Mitarbeiter das monatliche Wunscheinkommen erhalten.

Schritte	Hinweis	Beispiel	Ihre Schätzung
Geschäftsführergehälter	• Jeder Geschäftsführer schreibt auf, wie viel er in fünf Jahren verdienen möchte (siehe Checkliste oben »Ihr privater Monatsbedarf in fünf Jahren«). • Beispiel: Das Unternehmen hat zwei Geschäftsführer, die ihren Bedarf jeweils auf 5.000 Euro schätzen.	10.000 €	

+ Steuern	Addieren Sie die Lohnsteuer, Lohnnebenkosten.	+ 5.000 €	
+ Firmenrücklage	Ein Teil Ihres Gewinns fließt in die Firmenrücklage.	+ 2.000 €	
+ Firmenkosten	Schätzen Sie Ihre Firmenkosten. Grobe Faustformel: Die Kosten liegen – wenn der Betrieb gut wirtschaftet – bei etwa 50 Prozent des Umsatzes.	+ 17.000 €	
Benötigter Umsatz (monatlich)	Addieren Sie Monatsbedarf, Steuern, Firmenrücklage und Firmenkosten.	34.000 €	
Benötigter Jahresumsatz	Multiplizieren Sie den monatlich benötigen Umsatz mit 12.	408.000 €	
Fazit	*Beispielfall:* »Das betriebswirtschaftliche Periodenziel des Unternehmens ist es, in fünf Jahren einen Jahresumsatz von 408.000 Euro zu erzielen. Dann erwirtschaftet der Betrieb das erforderliche Einkommen der beiden Geschäftsführer plus eine monatliche Rücklage in Höhe von 2.000 Euro, zum Beispiel für künftige Investitionen.« *Notieren Sie das Periodenziel Ihres Unternehmens:*		

Quelle: Willi Kreh, www.kreh.de.

Checkliste: Beschreiben Sie Ihr Zielimage in fünf Jahren

Formulieren Sie anhand dieser Checkliste Ihre Imageziele. Wie und was sollen Medien, Kunden und Wettbewerber in fünf Jahren über Sie schreiben und sprechen?

Teilöffentlichkeit	Fragen zur Festlegung der Ziele	beantwortet
Medien	In welchen drei Medien wären Sie in fünf Jahren gern vertreten? Zum Beispiel: • Print (Fachzeitschrift, FAZ, WirtschaftsWoche, manager magazin ...), • Hörfunk (Boulevard, SWR, DLF ...), • Fernsehen (Nachtcafé, Experte bei n-tv ...).	❑
	Worüber berichten diese Medien? Zum Beispiel über: • Ihre Erfolge (als Person oder Unternehmen), • Ihre spezielle Art und Weise, Dinge zu tun, • erfolgreiche Projekte, • Ihr neues Buch.	❑
	Wie berichten diese Medien? Formulieren Sie die Schlagzeilen der Artikel bzw. Titel und Anmoderation der Sendungen.	❑

Kunden und potenzielle Kunden	Machen Sie den Barhockertest. Ein zufriedener Kunde trifft einen Bekannten abends in der Bar. • Welche drei Kernsätze spricht er über Sie? • Welches Erlebnis erzählt er? • Über welche Ergebnisse berichtet er?	❑
Kollegen und Fachwelt	Zwei Kollegen unterhalten sich über Sie. Zufällig hören Sie mit. • Welche drei Kernsätze fallen? • Über welches Ereignis sprechen sie?	❑

Checkliste: Beschreiben Sie Ihre Qualität in fünf Jahren

Formulieren Sie Ihre Qualitätsziele. Welche Standards sollen am Ende der Periode im Beratungsprozess und in den unterstützenden Prozessen gelten?

Kategorie	Qualitätsniveau in fünf Jahren	beantwortet
Qualität der Beratung	Welche Qualitätsstandards erfüllen Sie in den einzelnen Phasen des Beratungsprozesses? • Vorbereitung, • Beratung beim Kunden, • Nachbereitung, • Dokumentation.	❑
	Wie beurteilen die Kunden Ihre Beratung?	❑
Qualität der unterstützenden Prozesse	Qualität bei der Beantwortung von Kundenanfragen: • Wie schnell werden sie beantwortet (Stunden)? • Wie ausführlich? • Welche Sprache, welchen Tonfall haben sie (individuell, persönlich)?	❑
	Qualität der Administration: • Rechnungen, • Angebote, • Nachfragen, • etc.	❑
	Qualität der Mitarbeiter: • Veränderungen (neue Mitarbeiter, Ausscheiden), • Qualifikation, • Zielgespräche, • regelmäßige Treffen, • etc.	❑

	Qualität der Stammkundenbetreuung: • regelmäßige Veranstaltungen, • regelmäßige Telefonate, • etc.	❑
	Qualität der Öffentlichkeitsarbeit: • Reaktion auf Medienanfragen (Schnelligkeit, persönliche Erreichbarkeit), • Kontaktaufbau zu Redaktionen, • regelmäßige Fachartikel, • etc.	❑
	Qualität von Außenauftritt und Inszenierung: • Corporate Identity, • Internetseite, • Broschüre, • Audio-/Video-Präsentation, • etc.	❑

20.2 Aktuelle Bestandsaufnahme

Die Planung für das nächste Jahr beginnt mit Rückblick und aktueller Bestandsaufnahme. Wo steht Ihr Unternehmen heute? Welche Jahresziele wurden erreicht? Welche nicht? Warum nicht? Die Antworten auf diese Fragen bilden die Grundlage, um die Jahresziele festzulegen (siehe Abschnitt 20.3) und daraus abgeleitete Maßnahmen zu planen. Am besten ziehen Sie sich mit Ihren Mitarbeitern gegen Jahresende zu einer Klausur zurück, um die Bestandsaufnahme durchzuführen sowie Jahresziele und Maßnahmenplan aufzustellen.

Checkliste: Aktuelle betriebliche Bestandsaufnahme – Überblick

Die Bestandsaufnahme umfasst sechs Bereiche, die Sie abhaken sollten. Die Details zu jedem Bereich finden Sie in den dann folgenden Checklisten.

Teilbereich	erledigt
Überprüfung Kennzahlen	❑
Überprüfung der Positionierungsziele	❑
Überprüfung der Inszenierung	❑
Überprüfung der Profilierung	❑
Überprüfung der Qualitätsziele	❑
Überprüfung der Kundenstruktur	❑

Checkliste: Überprüfung der Kennzahlen

Überprüfen Sie den Stand Ihres Betriebs anhand der wichtigsten Kennzahlen. Vergleichen Sie die Ergebnisse mit den ursprünglich geplanten Zahlen und dem Vorjahr.

Kennzahl	**Aktuelles Jahr**		**Vorjahr**
	Ist-Zahl	**Soll-Zahl**	
Umsatz (ohne Umsatzsteuer)			
Gewinn (ohne Umsatzsteuer)			
Ausgaben für Marketing und PR			
Ausgaben für Ihre wichtigsten weiteren Budgets (z. B. Personal): • 1. • 2. • 3.			
Erzieltes Durchschnittshonorar (pro Tag oder pro Stunde)			
Auslastungsquote Anteil der produktiven Zeit (vom Kunden bezahlten Zeit) an der Gesamtarbeitszeit • für das Beratungsunternehmen • für jeden einzelnen Berater			
Anzahl der neu entwickelten, marktfähigen Beratungsprodukte			

Checkliste: Überprüfung der Positionierungsziele

Stellen Sie fest, wie konsequent Sie im abgelaufenen Jahr Ihre Positionierung auf allen Marketingkanälen eingesetzt haben. Haben Sie Ihre Jahresziele erreicht?

Prüffrage: Habe ich im abgelaufenen Jahr meine Allein- oder Besonderstellung konsequent auf allen Kanälen kommuniziert? Ist meine Botschaftslinie (siehe Teil I) immer klar erkennbar?	
Kommunikationskanal	**geprüft**
Startseite der Homepage	❏
Broschüre und andere Print-Informationen	❏
Fachartikel	❏
Vorträge	❏
Persönliche Kurzvorstellung	❏

Checkliste: Überprüfung der Inszenierung

Untersuchen Sie, wie spannend Ihr Marktauftritt im vergangenen Jahr war. Wo besteht Nachholbedarf? Haben Sie Ihr Jahresziel erreicht?

Prüffragen	geprüft
In welchen Marketingkanälen (zum Beispiel Internet, Fachartikel, Präsentationen, Vorträge, Interviews) präsentieren Sie sich eindeutig spannender, interessanter und besser als Ihre Mitbewerber?	❑
Welche Marketingkanäle wirken eher langweilig? Prüfen Sie, woran es liegt: • zu viel Beraterdeutsch, • langweilige Überschriften, • schwer nachvollziehbare Didaktik, • schlechte grafische Gestaltung, • zu viel Information, • zu wenig Information.	❑
Hat Ihr Auftreten eine angenehme Wirkung, erzeugt es eine Wohlspannung (also spannend, aber nicht überdreht)?	❑
Bieten Sie Ihren potenziellen Kunden wirklich einen Dialog an? Oder schrecken Sie Ihre Interessenten eher ab, weil Sie immer nur informieren und überzeugen wollen?	❑

Checkliste: Überprüfung der Profilierung

Stellen Sie fest, wie sich Ihre Bekanntheit im vergangenen Jahr verbessert hat. Haben Sie in allen Kanälen Ihre Jahresziele erreicht?

Hat Ihre Bekanntheit Fortschritte gemacht? Stellen Sie alle Aktivitäten zusammen, die im abgelaufenen Jahr dazu beigetragen haben, Ihre Bekanntheit zu erhöhen.		
Marketingkanal	**Aktivität**	**erfasst**
Fachartikel	Welche Fachartikel sind erschienen?	❑
Vorträge	Welche Vorträge haben Sie gehalten?	❑
Interviews	Welche Medienauftritte hatten Sie?	❑
Internet	Wie gut ist Ihr Suchmaschinenranking?	❑
Buch	Wie ist der Stand Ihres aktuellen Buchprojekts?	❑
Sonstiges	Was gab es sonst noch (zum Beispiel Leserbriefe, veröffentlichte Pressemitteilungen)?	❑

Checkliste: Überprüfung der Qualitätsziele

Nehmen Sie die Qualitätsziele, die Sie sich für das abgelaufene Jahr vorgenommen haben. Welche haben Sie erreicht? Welche verfehlt?

Kategorie	Qualitätsziele für das abgelaufene Jahr	erreicht	
		ja	nein
Qualität der Beratung	Geplante Verbesserungen in den Phasen des Beratungsprozesses		
	• Vorbereitung	❑	❑
	• Beratung beim Kunden	❑	❑
	• Nachbereitung	❑	❑
	• Dokumentation	❑	❑
	Rückmeldungen der Kunden ... • ... konsequent eingeholt. • ... zur Verbesserung der Beratungsqualität genutzt.	❑	❑
Qualität der unterstützenden Prozesse	Geplante Verbesserungen bei der Beantwortung von Kundenanfragen	❑	❑
	Geplante Verbesserungen bei den Administrationsprozessen (zum Beispiel Erstellen von Rechnungen und Angeboten, Bezahlung von Rechnungen, konsequente Delegation an Sekretärin)	❑	❑
	Geplante Verbesserungen bei der Qualität der Mitarbeiter (zum Beispiel Weiterbildung, Zielgespräche, regelmäßige Treffen)	❑	❑
	Geplante Verbesserungen bei der Stammkundenbetreuung (zum Beispiel regelmäßige Veranstaltungen, regelmäßige Telefonate)	❑	❑
	Geplante Verbesserungen bei der Öffentlichkeitsarbeit (zum Beispiel Reaktion auf Medienanfragen, Kontaktaufbau zu Redaktionen, regelmäßige Fachartikel)	❑	❑
	Geplante Verbesserungen bei Außenauftritt und Inszenierung (zum Beispiel Corporate Identity, Internetseite, Broschüre, Audio- oder Videopräsentation)	❑	❑

Checkliste: Überprüfung der Kundenstruktur

Veränderungen in der Kundenstruktur beeinflussen maßgeblich das Potenzial und die Stabilität Ihres Geschäfts. Was hat sich hier getan?

Die wichtigsten Fragen über Ihre Kunden	überprüft
Wer waren Ihre Hauptkunden in diesem Jahr?	❑
Welche wichtigen Kunden haben Sie neu gewonnen?	❑
Welche Kunden haben Sie vernachlässigt und sollten Sie in Zukunft mehr beachten?	❑
Welche Kunden haben Sie verloren? Warum?	❑
Auf wie viele Kunden entfallen 80 Prozent Ihres Umsatzes? Ist diese Zahl kritisch?	❑

20.3 Jahresziele planen

Die Jahresziele sollten Sie möglichst genau festlegen, wobei sich Umfang und Detaillierungsgrad nach der Unternehmensgröße richten. Beim Einzelunternehmer reichen in der Regel drei Seiten »Jahreszielplan«, bei einem Unternehmen werden es auch einmal 10 bis 15 Seiten sein. Grundsätzlich orientieren sich Ihre Jahresziele an den Periodenzielen (siehe Abschnitt 20.1). Betrachten Sie bei jedem Ziel Ihren Periodenzielplan – und finden Sie eine sinnvolle Abstufung für das aktuelle Jahr.

Checkliste: Festlegung des betriebswirtschaftlichen Jahresziels

Ihre einfachste betriebswirtschaftliche Kennzahl ist der Umsatz. Sie sollten das Jahresziel – möglichst gemeinsam mit Ihren Mitarbeitern – sorgfältig abschätzen.

Analyseschritt	Ihre Ergebnisse
Soll-Umsatz • Notieren Sie aus der Periodenplanung (siehe Abschnitt 20.1) das Umsatzziel (Jahresumsatz z. B. in fünf Jahren). • Überlegen Sie, welchen Umsatz Sie im nächsten Jahr erreichen sollten, damit Sie auf gutem Weg zu Ihrem Periodenziel sind.	Umsatz Periodenziel: Soll-Umsatz nächstes Jahr:

Trendanalyse • Listen Sie auf, wie sich der Umsatz in den letzten Jahren entwickelt hat. • Stellen Sie fest, wie hoch Ihr Umsatz im nächsten Jahr ist, wenn der Trend sich fortsetzt.	Umsatz Vor-Vorjahr: Umsatz Vorjahr: Umsatz dieses Jahr: Umsatz nächstes Jahr nach Trendanalyse:
Produktanalyse Listen Sie die Umsätze der vergangenen drei Jahre für Ihre wichtigsten Produkte auf: • Schätzen Sie für jedes Produkt das Potenzial. Welches Produkt läuft aus? Welches hat das Zeug zum »Renner«? • Notieren Sie für jedes Produkt, welchen Umsatz es im nächsten Jahr voraussichtlich erbringt. • Wenn Sie neue Produkte entwickeln: Notieren Sie, welchen Umsatz sie nächstes Jahr voraussichtlich erbringen. • Stellen Sie nun den Jahresumsatz fest, den die Produktanalyse erwarten lässt.	Umsatz nächstes Jahr nach Produktanalyse:
Festlegung Umsatzziel • Vergleichen und diskutieren Sie die drei Ergebnisse (Soll-Umsatz, Trendanalyse, Produktanalyse). • Legen Sie sich auf eine verbindliche Schätzung fest.	Umsatz nächstes Jahr (verbindliche Schätzung):
Festlegung von Teilzielen – akquirierter Umsatz Planen Sie, bis wann Sie 60, 80 und 100 Prozent Ihres geplanten Jahresumsatzes akquiriert haben.	60 Prozent akquiriert bis: 80 Prozent akquiriert bis: 100 Prozent akquiriert bis:
Festlegung von Teilzielen – geplanter Umsatz Legen Sie vierteljährliche Umsatzziele fest.	Umsatz 1. Quartal: Umsatz 2. Quartal: Umsatz 3. Quartal: Umsatz 4. Quartal:

Checkliste: Budgetplanung

Für Berater, Trainer und Coachs gilt die Faustregel: Wenn Sie gut wirtschaften, sollte Ihr Budget 40 bis 60 Prozent des geplanten Umsatzes nicht überschreiten.

Posten	**Planzahl**	**Vorjahr**
Marketing und PR (in der Regel bei 5 bis 20 Prozent des Jahresumsatzes)		
Stammkundenbindung (Geschenke, Essengehen, Veranstaltungen ...)		

Personal administrativ (Sekretärin)		
Personal produktiv (Berater)		
Weiterbildung (Seminarbesuche, Fachzeitschriften, Bücher ...)		
Investitionskosten (Büroeinrichtung, Anschaffung von Geräten ...)		
Beratungskosten (Steuerberater, Rechtsanwalt ...)		
Büromiete (einschließlich Nebenkosten)		
Reisekosten (PKW, Bahn, Hotel ...)		
Bürokosten (Telefon, Büromaterial ...)		
Bank (Gebühren, ggf. Zins- und Tilgungskosten)		
Sonstiges		
Reserve für Unvorhergesehenes		
Gesamtbudget		

Checkliste: Festlegung der Positionierungsziele

Ihre Positionierung ist ein entscheidender Erfolgsfaktor. Legen Sie deshalb Ziele fest, um Ihre Botschaftslinie zu transportieren und Ihre Positionierung weiter zu festigen.

Marketingkanal	**Beispielhaftes Ziel**
Fachartikel	»Jeder Fachartikel unterstützt mein Positionierungsziel und enthält zumindest einen Teil meiner Botschaftslinie.«
Vorträge	»Ich halte nur Vorträge, die meine Positionierung unterstützen.«
Eigene Medien	»Ich sorge dafür, dass in allen eigenen Medien – Homepage, Folder, Produktbeschreibungen, Kurzpräsentation – meine Botschaftslinie optimal platziert ist.«
Direktkontakt Kunde	»Ich nehme nur Aufträge an, die meine Positionierung unterstützen.«
Buch	»Ich realisiere ein Buchprojekt, dessen Thema, Aufmachung und Sprachstil meine Positionierung zum Ausdruck bringen.«

Checkliste: Festlegung der Inszenierungsziele

Nur wenn Sie spannend sind, fallen Sie auf. Arbeiten Sie daher kontinuierlich an der Inszenierung Ihres Marktauftritts – auch im nächsten Jahr.

Mögliches Ziel	wichtig
»In folgenden Marketingkanälen (zum Beispiel Internet, Fachartikel, Präsentationen, Vorträge, Interviews) präsentieren sich meine Wettbewerber eindeutig spannender. Diese Marketingkanäle werde ich neu gestalten.«	❑
»Ich werde aus allen meinen Texten das Beraterdeutsch eliminieren.«	❑
»Ich werde langweilige Überschriften neu formulieren.«	❑
»Ich werde meine Präsentationen (Print und Internet) didaktisch nachvollziehbarer aufbereiten.«	❑
»Ich werde meinen Präsentationen eine frische, moderne Grafik verpassen.«	❑
»Ich werde die Texte meiner Präsentationen – nach dem Motto ›Weniger verraten steigert die Neugier‹ – radikal kürzen.«	❑
Ihre weiteren Ziele ...	❑

Checkliste: Festlegung der Profilierungsziele

Wie möchten Sie im nächsten Jahr Ihre Bekanntheit erhöhen? Nehmen Sie die Checkliste als Anregung, um mindestens drei Profilierungsziele zu formulieren.

Marketingkanal	Beispielhaftes Profilierungsziel
Fachartikel	»Ich veröffentliche vier Fachartikel.« Legen Sie mögliche Zeitschriften und Themen fest!
Vorträge	»Ich halte mindestens zwei Vorträge.« Überlegen Sie mögliche Anlässe und Veranstalter.
Fernsehen und Radio	»Ich trete in mindestens drei Sendungen als Experte auf.« Überlegen Sie, welche Sendungen infrage kommen.
Internet	»Jeder Interessent soll mich über Google finden.« Lassen Sie sich von einem Experten für Suchmaschinenoptimierung helfen.
Buch	»Ich erstelle für mein Positionierungsthema ein Buchkonzept und finde einen Verlag.«

Checkliste: Festlegung der Qualitätsziele

Analysieren Sie anhand der Checkliste Ihre Prozesse und notieren Sie die vordringlichen Qualitätsziele, die Sie im nächsten Jahr umsetzen möchten.

Kategorie	Analyse der Prozesse	Ihre Qualitätsziele
Qualität der Beratung	Überlegen Sie, welche Verbesserungen des Beratungsprozesses Sie erreichen wollen in den Phasen • Vorbereitung, • Beratung beim Kunden, • Nachbereitung, • Dokumentation.	
	Überlegen Sie, ob Sie Rückmeldungen der Kunden • konsequent einholen und • zur Verbesserung der Beratungsqualität nutzen.	
Qualität der unterstützenden Prozesse	Welche Verbesserungen bei der Beantwortung von Kundenanfragen sind möglich?	
	Lässt sich der Administrationsprozess verbessern (Rechnungen, Angebote, konsequente Delegation an Sekretärin ...)?	
	Lässt sich die Qualifikation der Mitarbeiter verbessern (Weiterbildung, Zielgespräche, regelmäßige Treffen ...)?	
	Kann die Stammkundenbetreuung verbessert werden (regelmäßige Veranstaltungen, regelmäßige Telefonate ...)?	

Checkliste: Jahresziel Neukunden

Auch wenn Sie mit Stammkunden gute Geschäfte machen, benötigen Sie kontinuierlich neue Kunden. Achten Sie darauf, dass diese Kunden zu Ihrer Positionierung passen.

Schritte zur Neukundengewinnung	Ihre Antwort
Wie viele Neukunden möchten Sie gewinnen?	
Wie viel Umsatz sollen diese Kunden bringen?	

Beschreiben Sie Ihre Ausgangslage. *Beispiel:* »Meine Zielgruppe sind mittelständische Maschinenbauer. Dieses Jahr möchte ich mich, was Neukunden angeht, auf die chemischen Anlagenbauer konzentrieren, weil ich da an zwei erfolgreiche Projekte anknüpfen könnte. Ich suche also Mittelständler, wie immer mit 50 bis 500 Mitarbeitern. Meine Ansprechpartner sind Geschäftsführer, wobei ich hier eher die innovativen Geschäftsführer möchte.«	
Beschreiben Sie Ihren Idealkunden: • Branche, • Unternehmensgröße (Mitarbeiterzahl, Umsatz), • Beratungsthema, • Position des Ansprechpartners, • Persönlichkeit des Ansprechpartners.	
Notieren Sie drei bis fünf Namen potenzieller Kunden, die der definierten Idealvorstellung möglichst nahekommen.	
Überlegen Sie, mit welchen Maßnahmen Sie diese Kunden gewinnen können (siehe hierzu auch die nächste Checkliste »Maßnahmenplan«).	

Checkliste: Aufstellung des Maßnahmenplans

Die Ziele für das kommende Jahr haben Sie festgelegt. Formulieren Sie nun zu jedem Ziel konkrete Maßnahmen. Die folgende Aufstellung soll hierzu Anregungen geben.

Zielbereich	**Beispiele für Maßnahmen**	**umgesetzt bis Ende**			
		1. Q.	**2. Q.**	**3. Q.**	**4. Q.**
Umsatz	• Ich führe mit fünf Kunden bei Projektabschluss Gespräche über Anschlussaufträge.	❑	❑	❑	❑
	• Ich vereinbare mit drei Stammkunden Rahmenverträge.	❑	❑	❑	❑
Positionierung	• Ich überlege fünf Themen für Fachartikel, die ganz oder teilweise meine Botschaftslinie enthalten.	❑	❑	❑	❑
	• Ich erstelle ein Buchkonzept mit einem Thema, das meine Botschaftslinie enthält.	❑	❑	❑	❑
	• Ich mache mit meinem Team vierteljährlich eine Strategiesitzung, um die Kommunikation der Botschaftslinie auf allen Kanälen sicherzustellen.	❑	❑	❑	❑

Insze-nierung	• Ich erstelle eine 60-Sekunden-Präsentation.	❑	❑	❑	❑
	• Ich entwickle mithilfe eines Grafikers ein einheitliches Design für meinen Marktauftritt (Print und Internet).	❑	❑	❑	❑
	• Ich engagiere einen Journalisten, um meine Texte spannend zu gestalten.	❑	❑	❑	❑
Profilierung	• Ich veröffentliche in jedem Quartal einen Fachartikel.	❑	❑	❑	❑
	• Ich halte beim Jahreskongress meiner Kundenbranche im Oktober einen Vortrag.	❑	❑	❑	❑
	• Ich eröffne ein Weblog und verfasse wöchentlich zwei Beiträge.	❑	❑	❑	❑
Qualität	• Ich führe mit meinem Team einen Workshop durch, um die Abläufe des Beratungsprozesses zu optimieren.	❑	❑	❑	❑
	• Die Diskussion von Beratungsfällen wird zum festen Tagesordnungspunkt unserer vierteljährlichen Strategiesitzung.	❑	❑	❑	❑
	• Ich erstelle ein kleines Qualitätsmanagement-Handbuch, das die wichtigsten Abläufe und Qualitätsstandards verbindlich festlegt.	❑	❑	❑	❑
	• Ich formuliere bei jedem Kundenauftrag nachprüfbare Ziele, deren Erreichen in einem Abschlussgespräch mit dem Kunden offen besprochen wird.	❑	❑	❑	❑
	• Ich führe jedes Jahr eine Kundenzufriedenheitsbefragung durch.	❑	❑	❑	❑
Neukunden	• Ich bemühe mich, mindestens drei Empfehlungen von bestehenden Kunden zu erhalten.	❑	❑	❑	❑
	• Ich besuche jeden Monat eine Veranstaltung, bei der ich mit potenziellen Kunden ins Gespräch komme.	❑	❑	❑	❑
	• Ich überlege mir geeignete Aufhänger (zum Beispiel Leidensdruckthemen), um schnell Interesse zu wecken.	❑	❑	❑	❑
	• Ich vereinbare jeden Monat mindestens zwei Termine mit potenziellen Kunden.	❑	❑	❑	❑

Checkliste: Jahresplanung besiegeln und kommunizieren

Sorgen Sie dafür, dass Ihre Planung nicht im Stress des täglichen Geschäfts untergeht. Die folgenden Anregungen helfen Ihnen, sich und Ihr Team auf den Plan einzuschwören.

Schritt	erledigt
Besiegeln Sie den Jahresplan mit einem Ritual: • Unterschrift leisten (als Einzelunternehmer allein, im Unternehmen unterschreiben alle Geschäftsführer), • Zeremonie veranstalten, Sekt darauf trinken, • Jahresplan ausdrucken und schön binden, mit Füller unterzeichnen, • Jahresmotto wählen, die Zeremonie unter dieses Motto stellen, • Maskottchen oder Gegenstand für das Jahr finden, das Sie sich zum Beispiel auf den Schreibtisch stellen, • Plakat erstellen, das aufgehängt wird und das ganze Jahr an die Ziele erinnert.	❑
Kommunizieren Sie den Jahrsplan an Ihre Mitarbeiter: • Legen Sie fest, welche Informationen Sie an Ihre Mitarbeiter geben möchten. • Entscheiden Sie sich für eine geeignete Darstellungsmethode (Vortrag, schriftliches Konzept aushändigen und persönlich erklären, Klausur/Workshop/Kamingespräch mit den Mitarbeitern, Poster mit Motto und den zehn wichtigsten Schlagworten, 60-Sekunden-Präsentation der Jahresziele, Gegenstand aushändigen). • Legen Sie fest, in welchem Ambiente Sie die Jahresziele den Mitarbeitern erklären (im Unternehmen, bei der Weihnachtsfeier, im Restaurant, am Kaminfeuer im Schloss ...).	❑
Legen Sie einen Update-Termin fest, bei dem Sie den Stand der Umsetzung prüfen: • Eintägiger Termin zur Überprüfung der Jahrsziele. • Spätestens Mitte des Jahres. • Gleich in Kalender eintragen.	❑

Teil V

Inszenierungstechniken

21 Die zwölf wichtigsten Inszenierungstechniken

21.1 Was eine gute Inszenierung ausmacht

Aufmerksamkeit erregen, spannend sein – nur wenn Ihnen das gelingt, werden Sie mit Ihrem Angebot auffallen und können im Markt Interesse wecken. Ob bei Ihrem Internetauftritt oder Ihrer Firmenbroschüre, Ihrem Buchprojekt oder Ihrer Rede, ob bei Ihrem Beratungsbrief oder Podcast, Ihrer 60-Sekunden-Präsentation oder persönlichen Vorstellung – bei praktisch allen Marketinginstrumenten kommt es auf die Inszenierung an. Erst wenn Sie die Inszenierungsregeln beachten, üben und anwenden, können die in diesem Buch vorgestellten Instrumente ihre volle Wirkung erzielen. Die hier vorgestellten Inszenierungstechniken ergänzen deshalb einen Großteil der Checklisten aus den anderen Kapiteln dieses Buches.

Checkliste: Fünf Forderungen an gute Inszenierung

Was macht eine gute Inszenierung aus? Mindestens fünf Kriterien sollte sie erfüllen. Messen Sie hieran künftig Ihre Texte, Vorträge oder Präsentationen.

Kriterien	**Beispiele und Erläuterungen**	**beachtet**
Aufmerksamkeit erzielen	• Nur wer gleich zu Beginn eines Vortrags aufhorcht, hört mit Spannung weiter zu. • Nur wer gleich bei den ersten Zeilen eines Textes verblüfft ist, bleibt neugierig. • Nur wer beim Aufruf einer Internetseite sofort aufmerkt, wird weiterlesen und nicht zum Mitbewerber klicken. *Siehe hierzu Checklisten »Knackiger Titel« und »Der gelungene Einstieg« in Abschnitt 21.2.*	❑
Spannung halten	Die anfangs erzeugte Spannung muss gehalten werden – bis zum Schluss. *Siehe hierzu Checkliste »Spannung halten« in Abschnitt 21.2.*	❑
Verständlich sein	Texte und Vorträge müssen verständlich sein. Drücken Sie sich verständlich aus – vermeiden Sie Beraterdeutsch. *Siehe hierzu Checkliste »Kraftvolle Sprache« in Abschnitt 21.2.*	❑

Botschaft transportieren	Spannend und verständlich sein genügt nicht – Sie benötigen auch eine klare Botschaft. • Inszenierung ohne Botschaft ist eine schöne Geschenkverpackung ohne Inhalt. • Jeder Baustein Ihres Marktauftritts sollte Träger Ihrer Kernbotschaft sein. *Siehe hierzu Abschnitt 2.1 »Botschaftslinie entwickeln«*	❑
Impuls auslösen	Ziel Ihres Marktauftritts ist, dass der Interessent sich bei Ihnen meldet. Achten Sie deshalb darauf, dass Ihre Inszenierung Impulse gibt.	❑

Checkliste: Die wichtigsten Inszenierungstechniken – Überblick

Kreuzen Sie an, welche Inszenierungstechniken Sie bereits erfolgreich anwenden. Die Anleitungen zu den einzelnen Techniken finden Sie im folgenden Abschnitt.

Die zwölf wichtigsten Inszenierungstechniken	erarbeitet
Kraftvolle Sprache	❑
Knackiger Titel	❑
Der gelungene Einstieg	❑
Spannung halten	❑
Mit Fragen Neugier wecken	❑
Kreative Abweichung hervorrufen	❑
Geschichten erzählen	❑
Metaphern anwenden	❑
Den Leidensdruck der Interessenten ansprechen	❑
Persönliche Nähe herstellen	❑
Teil fürs Ganze	❑
Die magischen Satzzeichen	❑

21.2 Wie Sie Ihren Marktauftritt spannend inszenieren

Inszenierung heißt, Ideen mit Kraft darstellen. Das ist nicht immer einfach und erfordert vor allem dreierlei: Handwerkszeug, Ausdauer und den festen Willen, es spannend zu machen – ohne Ausreden. Denn ein spannender Vortrag, Text oder Podcast braucht mehr Vorbereitung als ein langweiliger. Die erste Zutat, das Handwerkszeug, finden Sie in diesem Abschnitt – Ausdauer und Willen müssen Sie selbst beisteuern. Mithilfe der folgenden Checklisten lernen Sie die wesentlichen Prinzipien und Methoden von Inszenierung kennen und erhalten eine Anleitung, diese Techniken bei Ihrem Marktauftritt einzusetzen. Sie können die Checklisten hintereinander bearbeiten oder nur einzelne herausgreifen. Dabei gilt: Jede Technik ist für nahezu alle Kanäle nutzbar; was für Fachartikel gilt, gilt auch für Vorträge, Broschüren, Ihre Internetseite oder ein Mailing.

Checkliste: Wie gut schreiben Sie? – Ein Kurztest

Testen Sie anhand von zwei einfachen Methoden, ob Ihre Texte gut verständlich sind – oder ob Sie noch an Ihrem Sprachstil feilen sollten.

Methode	Anleitung	getestet
Laut vorlesen	Lesen Sie den Text laut vor. Ein guter Text ist laut lesbar, weil er für das Ohr geschrieben ist. Wenn Sie beim Lesen außer Atem kommen, ist das ein sicheres Zeichen dafür, dass der Text nicht gut ist.	❑
Imaginärer Dialog	Stellen Sie sich vor, ein Kunde unterhält sich mit Ihnen und Sie erzählen im, was in dem Text steht. Sprechen Sie so, wie Sie geschrieben haben? Stellen Sie fest, an welchen Textstellen die Aussage gilt: »So spricht kein Mensch!« Ein guter Text beschreibt die Dinge in einfachen, verständlichen Worten – in etwa so, wie Sie es im Gespräch mit dem Kunden tun.	❑

Checkliste: Technik 1 – kraftvolle Sprache

Mit guter Sprache können Sie enorm viel erreichen. Allein dadurch unterscheiden Sie sich von den meisten anderen Beratern, Trainern und Coachs.

Regel	Anregungen	beachtet
Auf Beraterdeutsch verzichten. Wollen Sie spannend und anders sein? Dann schaffen Sie als Erstes das Beraterdeutsch ab. Quälen Sie Ihre Leser und Zuhörer nicht mit Beraterphrasen.	Vermeiden Sie Formulierungen aus dem Standardrepertoire der Beraterbranche (Prozessoptimierung, ressourcenorientierte Arbeitsweise ...).	❑
	Verzichten Sie auf meditativen Sprachfluss: *»Bei der Prozessberatung wird der Mandant durch den Coach in die Lage versetzt, seine Problemstellungen eigenständig zu bewältigen. Bei dieser Vorgehensweise steht die Einbeziehung der betroffenen Führungskräfte und Mitarbeiter im Vordergrund, mit dem Ziel, eine breite Akzeptanz der Lösungsvorschläge zu erreichen und so eine erfolgreiche Umsetzung zu ermöglichen. Häufige Anwendungsgebiete sind ...«* Präsentiert auf einer Meditations-CD wäre die einschläfernde Wirkung solcher Texte garantiert.	❑
	Vermeiden Sie Worte, die fachlich klingen, deren Bedeutung aber unklar ist (»systemische Arbeitsweise«, »Optimierung von Prozessketten«, »lebendiges Netzwerk«, »umsetzungsorientierter Beratungsansatz«).	❑
	Überprüfen Sie jeden Satz Ihres Artikels, Buchs, Vortrags oder Briefs auf Beraterdeutsch – und streichen Sie es ersatzlos.	❑
	Wenn Sie auf einen bestimmten Begriff nicht verzichten möchten, sollten Sie ihn mit kraftvollem Deutsch kombinieren. *Beispiel:* Statt »Wir optimieren Ihre Prozesslandschaft.« schreiben Sie besser: »Prozessoptimierung: Welche Abläufe sind unsinnig? Welche schlecht? Und wie lassen sie sich verbessern?« Oder treffen Sie den Nerv des Lesers mit dem einfachen, schlichten Satz: »Endlich bessere Prozesse.«	❑
Verständliche Sätze formulieren.	Hauptsätze ausreizen. Hauptsätze sind die erste Wahl für alle, die etwas Kraftvolles zu sagen haben und es klar sagen möchten.	❑

	Nebensätze anhängen. Nebensätze haben ihre Vorzüge: abgestufte Gewichtungen, sinnvolle Ergänzungen. Ihr häufigster und meist ihr bester Platz ist hinten: Der Hauptsatz hat eine Hauptsache mitgeteilt, nun folgt die Erläuterung.	❑
	Eingeschobene Nebensätze vermeiden, ebenso voneinander abhängige Nebensätze.	❑
	Vorangestellte Attribute vermeiden. *Beispiel:* »... eine auf die konkrete Aufgabenstellung und die jeweilige Unternehmenssituation abgestimmte Beratungsmethode«. Zwischen *eine* und *Beratungsmethode* liegen zehn Wörter, bis der Leser endlich erfährt, worum es geht.	❑
	Subjekt und Prädikat sollten nicht weiter als sechs Wörter auseinanderliegen – damit der Leser weiß, wovon Sie reden.	❑
	Schreiben Sie aktive Sätze. Passivkonstruktionen machen es dem Leser erheblich schwerer, einen Text zu verstehen. *Beispiel:* »In einem Finanzplan werden die in der Zukunft erwarteten Einzahlungen und Auszahlungen einander gegenübergestellt. So können rechtzeitig geeignete Maßnahmen zur Sicherung der Liquidität des Unternehmens eingeleitet werden.« Die Alternative dazu ist das Aktiv: »Ein Finanzplan stellt die erwarteten Einzahlungen und Auszahlungen einander gegenüber. So können wir rechtzeitig Maßnahmen einleiten, um die Liquidität des Unternehmens zu sichern.«	❑
Fachjargon meiden.	Ein Fachausdruck ist sinnvoll, wenn er eingeführt ist und die Verständigung erleichtert. *Beispiel:* »Um auf Augenhöhe mit der Bank zu kommunizieren, betrachten Sie bitte zunächst Ihre BWA.« In diesem Fall ist BWA ein eingeführter Begriff, den jeder Unternehmer kennt. Prüfen Sie immer, ob ein Fachbegriff Ihrem Leser vertraut ist und die Verständigung erleichtert – andernfalls verzichten Sie darauf.	❑
Überflüssiges streichen.	Ein Text gewinnt fast immer, wenn man ihn kürzt. Gehen Sie einen fertigen Artikel noch einmal durch – und streichen Sie alles Überflüssige: • Streichen Sie alle abgedroschenen Phrasen (»Das Ende der Fahnenstange«). • Streichen Sie Füllwörter (zum Beispiel wirklich, nun, ja, gar, so, ungefähr, auch ...). • Prüfen Sie, welche Adjektive Sie streichen können.	❑

Checkliste: Technik 2 – knackiger Titel

Der beste Text nützt Ihnen nichts, wenn ihn keiner liest. Was also tun? Wecken Sie Neugierde mit einem perfekten Titel. Hierfür gibt es mehrere Methoden.

Methoden für einen guten Titel		angewendet
Kombination aus Haupt- und Unterzeile	Kombinieren Sie einen »Aufreißer« in der ersten Zeile mit einer Information in der zweiten Zeile. *Beispiel* (Titel für einen Newsletter, Artikel oder Vortrag): »Feuerwerk der Rhetorik *(Hauptzeile, macht neugierig)* 25 Strategien für Führungskräfte « *(Unterzeile, liefert die Information)*	❑
Ungewöhnliches Wortpaar	Führen Sie zwei Dinge zusammen, die auf den ersten Blick nicht zusammengehören. *Beispiel* (Titel eines Buches zum Thema Zeitmanagement): »Wenn du es eilig hast, gehe langsam«	❑
Metapher	Finden Sie eine Methapher. Sie lässt im Kopf des Lesers ein Bild entstehen und erzeugt damit Spannung. *Beispiele:* »Feuerwerk der Rhetorik« (statt »Überzeugend argumentieren«) »Die Kunst der Verführung« (statt »Marketing für Fortgeschrittene«)	❑
Frage	Formulieren Sie Ihren Titel als Frage *(siehe auch Checkliste »Technik 5 – mit Fragen Neugier wecken«).* Mit einer Frage können Sie zum Beispiel den Leidensdruck Ihrer Zielgruppe ansprechen: »Wie lange können Sie überleben?« Gefolgt von der Unterzeile: »So entwickeln Sie neue Geschäfte in neuen Märkten«	❑
Provokation	Provozieren Sie mit dem Titel. Beispiel: »Deutsch für Berater!« – gefolgt von einer aufklärenden Unterzeile: »Kraftvolle Sprache als Marketinginstrument«	❑
Saloppe Umgangssprache	Formulieren Sie Ihren Titel locker-flockig umgangssprachlich. Auch damit können Sie dem beraterischen Alltagsgrau entfliehen. *Beispiele:* »In 30 Sekunden Top oder Flop» »Jetzt erst recht! »Aus der Pleite lernen«	❑

Checkliste: Technik 3 – der gelungene Einstieg

Mit dem Titel haben Sie Neugier geweckt, nun müssen Sie den Leser oder Zuhörer in Ihr Thema hineinziehen. Hierzu benötigen Sie einen guten Einstieg.

Methoden für den gelungenen Einstieg		**angewendet**
Beispiel	Stellen Sie ein konkretes Fallbeispiel an den Anfang. Achten Sie darauf, dass das Beispiel • den Leser oder Zuhörer in seiner Welt abholt, • direkt zu Ihrer Botschaft oder Kernaussage hinleitet.	❑
Frage	Wecken Sie das Interesse Ihres Lesers mit einer Frage. *Beispiele:* »Haben Sie schon einen gestandenen Unternehmer weinen sehen?« Das war der Vortragseinstieg eines Insolvenzverwalters vor BWL-Absolventen. Seine Aufgabe war, aus der Praxis von Insolvenzen zu erzählen. Ein Artikel zum Thema Motivation beginnt mit den Worten: »Motivierte Mitarbeiter in einem vertrauensvollen Arbeitsklima sind sicherlich oberste Priorität der Wunschlisten aller Firmen.« Kürzer und viel spannender ließe sich der Einstieg als Frage formulieren: »Wer wünscht sich das nicht: allzeit motivierte Mitarbeiter?«	❑
Provokation	Eine Provokation macht neugierig, ist interessant – gleichgültig ob zu Beginn eines Vortrags, eines Briefes oder eines Artikels. Ein bekannter Rhetoriktrainer leitet fast jeden seiner Vorträge mit den Worten ein: »Vergessen Sie alles, was Sie bisher von Rhetorik gehört haben.« Das provoziert – man ist gespannt, was jetzt kommt. Der provokative Einstieg sollte vier Kriterien beachten: • Die Provokation sollte intelligent sein. • Die Provokation darf nicht beleidigen. Ziel ist, den Zuhörer oder Leser aus seinen gewohnten Denkbahnen zu werfen, niemals aber die Person anzugreifen. • Die Provokation muss zugleich die entscheidende Botschaft enthalten, die Sie im Folgenden ausführen wollen. • Die Provokation muss sauber zu begründen sein. Mit einer Behauptung ohne Beweis setzen Sie Ihre Kompetenz und Ihren Ruf als Experte aufs Spiel.	❑

Zitat	Leiten Sie Ihren Beitrag mit einem Zitat ein. Sie könnten auf Mark Twain zurückgreifen: »Der Unterschied zwischen dem treffenden und dem fast treffenden Wort ist der zwischen einem Blitz und einem Glühwürmchen.« Und schon ist klar, worum es geht: um Perfektion, weil Kleinigkeiten in der Rhetorik entscheiden. Ein gelungenes Zitat wirkt gut, weil es • Ihre Kernaussage bündelt, • zeigt, dass auch andere Ihrer Meinung sind, • nur selten überinszeniert wirkt und damit auch für konservative Leser und Zuhörer anwendbar ist.	❑
Ungewöhnliche Handlung	Beginnen Sie mit einer ungewöhnlichen Handlung. *Beispiel:* Der Verkaufstrainer Rainer Frieß betritt die Bühne und hält eine Druckluft-Tröte wie beim Fußball in der Hand. Und er trötet – laut schallt es durch den Saal. Die Aufmerksamkeit ist blitzartig bei ihm. Zugleich ist die Tröte ein Hinweis auf sein Thema: Spitzenleistung in Sport und Vertrieb.	❑

Checkliste: Technik 4 – Spannung halten

Nehmen Sie die klassische Theaterinszenierung in drei Akten zum Vorbild. So können Sie Ihren Vortrag oder Artikel von Anfang bis Ende spannend gestalten.

Inszenierung in drei Akten		**ausgeführt**
Erster Akt	**Der Knalleffekt** Der Knaller am Anfang sichert Ihnen die Aufmerksamkeit. *Siehe hierzu Checkliste »Technik 3 – der gelungene Einstieg«.*	❑
	Anstoß Der Leser oder Zuhörer ist dabei. Nun gilt es, das Thema zu nennen, dessen Bedeutung aufzuzeigen und die Kernfrage zu stellen, die Sie im Folgenden beantworten werden. *Beispiel:* Ein Fachartikel über den optimalen Umgang mit der Bank könnte an dieser Stelle die Frage aufwerfen: »Wie kann ich auf Augenhöhe mit meiner Bank kommen?«	❑

Erster Akt	**Der Knalleffekt** Der Knaller am Anfang sichert Ihnen die Aufmerksamkeit. *Siehe hierzu Checkliste »Technik 3 – der gelungene Einstieg«.*	❑
	Anstoß Der Leser oder Zuhörer ist dabei. Nun gilt es, das Thema zu nennen, dessen Bedeutung aufzuzeigen und die Kernfrage zu stellen, die Sie im Folgenden beantworten werden. *Beispiel:* Ein Fachartikel über den optimalen Umgang mit der Bank könnte an dieser Stelle die Frage aufwerfen: »Wie kann ich auf Augenhöhe mit meiner Bank kommen?«	❑
	Informationen Nun folgt der erste Teil der Inhalte. *Beispiel:* Der Leser lernt die fünf wesentlichen Strategien kennen, um mit seiner Bank professionell umzugehen. Die Spannung lässt nach, es wird Zeit für einen Wendepunkt, der erneut für Spannung sorgt.	❑
	Wendepunkt 1 Überlegen Sie, wie Sie nun die Spannung wieder steigern. Welche Haken gibt es? Wo liegt im praktischen Alltag ein unerwartetes Problem? *Beispiel:* »Die fünf Strategien klingen bestechend einfach. In der Praxis stellt sich aber ein Problem, bei dem 90 Prozent aller kritischen Bankgespräche dann doch schiefgehen.« Das Publikum wartet gespannt – Vorhang auf für den zweiten Akt.	❑
Zweiter Akt	**Informationen** Nun folgt der zweite Teil der Inhalte. *Beispiel:* Die Leser lernen die Stolperfallen kennen, an denen kritische Bankgespräche in der Praxis immer wieder scheitern. Wieder lässt die Spannung nach – erneut wird es Zeit für einen Wendepunkt, der die Spannung wieder steigen lässt.	❑
	Wendepunkt 2 Überlegen Sie, wie Sie die Spannung erneut steigern. *Beispiel:* »Jetzt kennen Sie die Strategien und die Stolpersteine. Aber wie gehen Sie konkret vor, wenn Sie in zwei Wochen den Termin beim Banker haben? Merken Sie sich fünf Tipps, die ich Ihnen abschließend mitgeben möchte.« Das Publikum hört wieder hin – Zeit für den dritten Akt.	❑

Dritter Akt	**Informationen** Nun folgt der dritte Teil der Inhalte.	❑
	Wendepunkt 3 Sorgen Sie am Ende noch einmal für einen Höhepunkt, steigern Sie noch einmal die Spannung. *Beispiel:* »Worauf kommt es also letztlich an, damit Sie im Gespräch mit der Bank erfolgreich sind? Was ist das Geheimnis, das 90 Prozent Ihrer Kollegen nicht kennen?«	❑
	Auflösung Die Auflösung rundet den Beitrag ab. Sie erreichen das Ziel, fassen zusammen und beantworten die im Anstoß aufgeworfene Kernfrage.	❑

Das Drei-Akte-Schema müssen Sie nicht starr anwenden; experimentieren Sie mit den Bausteinen. Wenn der Stoff oder die Zeit für einen dritten Akt nicht ausreicht, können Sie am Ende des zweiten Aktes auflösen.

Checkliste: Technik 5 – mit Fragen Neugier wecken

Fragen machen neugierig. Wie können Sie diese Inszenierungstechnik einsetzen, um Ihren Text oder Vortrag spannend zu machen? Lernen Sie drei Einsatzmöglichkeiten kennen.

Möglich-keiten			**ge-testet**
Fragen als Aufhänger oder Einstieg	Beginnen Sie mit einer Frage, die Ihren Leser oder Zuhörer in seinem Arbeitsalltag abholt und zu Ihrem Thema hinführt. Beispiel: »Sind Sie auf Augenhöhe mit Ihrer Bank?« Damit erreichen Sie einen dreifachen Effekt: • Ihr Leser oder Zuhörer denkt sofort mit; denn eine Frage öffnet den Geist, regt dazu an, sich mit dem Thema zu beschäftigen. • Sie stellen einen Bezug zum Arbeitsalltag des Lesers oder Zuhörers her (im Beispiel das Problem, bei der Bank einen Kredit zu erhalten). • Sie geben das Thema des Vortrags vor (mit der Bank in Augenhöhe verhandeln können).		❑
Fragen zur Gliederung	Gliedern Sie eine Rede oder einen Text mit Fragen. Eine Gliederung wirkt spannender, indem Sie die Überschriften zu Fragen umformulieren. Testen Sie den Effekt an folgendem Beispiel eines Vortrags zur »Leistungssteigerung im Vertrieb«:		❑
	Klassische Gliederung 1. Einleitung 2. Bestandsaufnahme	**Gliederung in Frageform** 1. Warum sind Sie hier? 2. Wie funktioniert Vertrieb meistens?	

	3. Leistungshebel I: Die Vorbereitung 4. Leistungshebel II: Die persönliche Einstellung 5. Leistungshebel III: Verkaufstechniken 6. Checkliste 7. Mögliche Hindernisse auf dem Weg zum Vertriebserfolg 8. Abschluss	3. Wie lässt sich Leistung einfach steigern? Leistungshebel I: Die Vorbereitung Leistungshebel II: Die persönliche Einstellung Leistungshebel III: Verkaufstechniken 4. Was ist zu beachten? 5. Was steht Ihrem Erfolg im Weg? 6. Wie geht es weiter?	
Fragen als Abschluss	Oft bietet es sich an, einen Vortrag oder Text mit einer Frage abzuschließen, die zum Weiterdenken oder Handeln anregt. *Beispiel:* War die Einleitungsfrage »Sind Sie auf Augenhöhe mit Ihrer Bank?«, könnten Sie abschließen mit der Frage: »Und wann sind Sie auf Augenhöhe mit Ihrer Bank?«		❑

Checkliste: Technik 6 – kreative Abweichung

Das in der Werbung wohl häufigste Inszenierungsinstrument ist die Abweichung von der Norm. Suchen Sie Ideen, um dieses Prinzip für Ihre Inszenierung einzusetzen.

Wovon können Sie abweichen?		**getestet**
Normen in der Kommunikation	Weichen Sie von gewohnten Normen der Kommunikation ab. • von gewohnten Werbeinhalten (»Priester küsst Nonne«, »Ein schwangerer Mann«), • von Regeln der Gestaltung aus den Bereichen Sprache, Design, Bild, Typografie.	❑
Gesellschaftliche Normen	Weichen Sie von gesellschaftlichen Erwartungen ab (sozialen, moralischen, religiösen / kirchlichen, ästhetischen Normen. Beispiel eines Coaching-Anbieters: »Wir behandeln alle unsere Kunden *ungleich*.«	❑
Allgemeine Erfahrung	Weichen Sie von der allgemeinen Erfahrung der Menschen ab. (»Strom ist gelb«).	❑
Allgemeinwissen	Weichen Sie von Daten ab, die allgemein als richtig gelten.	❑
Grundprinzip: Bestehende Erwartungen werden kommunikativ sinnvoll durchbrochen – was Aufmerksamkeit erregt und Neugier weckt.		

Quelle: Werner Gaede: Das kreative »Prinzip ABWeichung«, in: Weyand, Giso: Sog-Marketing für Coaches, Bonn 2007, S. 111f.

Checkliste: Technik 7 – Geschichten erzählen

Geschichten zu erzählen ist einer der effektivsten Wege, um Spannung aufzubauen. Gerade als Berater, Trainer oder Coach erleben Sie jeden Tag Neues. Erzählen Sie davon.

Spannungsaufbau durch Geschichten		**getestet**
Bild erzeugen	Erzählen Sie Geschichten aus dem Alltag Ihrer Arbeit beim Kunden. So holen Sie Ihren Leser oder Zuhörer in seiner Welt ab, regen seine Fantasie an – die Geschichte fängt an, sich in seinem Kopf abzuspielen. *Anmerkung:* Mit Geschichten finden Sie einen emotionalen Zugang zu Ihren Kunden. Sie erzeugen Bilder im Kopf des Lesers, was die nüchterne Beschreibung einer Strategie oder Umsetzungstechnik nicht vermag. Als Coach oder Berater erleben Sie große und kleine Emotionen, Widerstände und Konflikte, innere und äußere Hürden, Kampf und Versöhnung. Zeigen Sie etwas davon. Nur so wird Ihre Arbeit erlebbar und im Kopf Ihres Interessenten kann sich eine Vorstellung davon entwickeln.	❑
Rollenkonflikte ausspielen	Menschen haben unterschiedliche Drehbücher im Kopf, nach denen sie handeln. Nutzen Sie diese Tatsache, um mit einer Geschichte Spannung zu erzeugen. *Beispiele:* Ein Projekt ist gescheitert. Der junge, ehrgeizige Projektleiter sieht den Fall aus seiner Perspektive völlig anders als der für die Kosten zuständige Bereichsleiter. Erzählen Sie nun die Geschichte aus dem Blickwinkel des Projektleiters, dessen Sichtweise bei seinem Chef auf völliges Unverständnis stößt – und schon sind Sie mitten im Thema Projektcoaching. Möglich sind auch zwei Drehbücher in einer Person. So könnte ein Coach die Geschichte einer Kundin erzählen, die gleichzeitig an zwei Drehbüchern schreibt: für ihr Leben als Karrierefrau und für ihr Leben als Mutter und Familienfrau. Eine verzwickte Situation – und Gelegenheit für eine spannende Geschichte.	❑
Gut formulieren	Inszenieren Sie Ihre Geschichte spannend. Eine Geschichte entfaltet ihre Wirkung erst, wenn Sie spannend erzählt wird. Beachten Sie die in diesem Abschnitt vorgestellten Inszenierungstechniken (siehe Checklisten »kraftvolle Sprache«, »gelungener Einstieg«, »mit Fragen Neugier wecken«).	❑

Checkliste: Technik 8 – Metaphern

Ähnlich wie eine Geschichte weckt auch eine Metapher Assoziationen und lässt im Kopf des Lesers oder Zuhörers ein Bild entstehen.

Metaphern anwenden	beachtet
Übertragen Sie ein Bild aus einem anderen Bereich auf Ihre Arbeit: • Ein Rhetoriktrainer drückt das Thema »Überzeugend argumentieren« im Titel seines Vortrags mit einer Metapher aus: »Feuerwerk der Rhetorik«. • Ein Marketingberater nennt seinen Artikel nicht »Marketing für Fortgeschrittene«, sondern »Die Kunst der Verführung« – und lässt damit im Kopf des Lesers ein Bild entstehen, das seine Neugier weckt. • Der Hamburger Unternehmensberater Olaf Hinz spricht von »seemännischer Gelassenheit«, die er seinen Kunden vermittelt. Das damit assoziierte Bild: Zieht nachts ein Sturm auf, bleibt der Kapitän eines Schiffs ruhig, aber hoch konzentriert. Er prüft die Lage, trifft alle Vorkehrungen und weckt nur den Teil der Mannschaft, der wirklich gebraucht wird ...	❑
Achten Sie darauf, dass die Metapher verständlich ist. Nur dann kann sie wirken und die Emotionen des Lesers oder Zuhörers wecken.	❑
Achten Sie darauf, dass die Metapher die richtigen Assoziationen weckt. *Beispiel:* Ein Trainer nannte sein Rhetoriktraining »Schwarze Rhetorik«. Die Metapher wirkte in die falsche Richtung. Eine kleine Umfrage bei der Zielgruppe ergab: Man dachte an Voodoo-Puppen, abgebissene Hühnerköpfe und merkwürdige Tänze.	❑
Besser keine als eine schlechte Metapher. Finden Sie deshalb ein perfektes Bild für Ihre Tätigkeit, Ihren Vortrag, Ihren Artikel – oder verzichten Sie darauf.	❑

Checkliste: Technik 9 – Leidensdruck ansprechen

Es gibt ein todsicheres Mittel, Aufmerksamkeit zu erzeugen: Sprechen Sie den Leidensdruck an. Dem Dürstenden in der Wüste müssen Sie nur »Wasser« zurufen.

Inszenierung via Leidensdruck	beachtet
Sprechen Sie im Titel und im Einstieg ein Leidensdruckthema (siehe Abschnitt 1.3) an – und kommen Sie im Verlauf des Textes oder der Rede immer wieder darauf zurück.	❑
Geben Sie dem Leser und Zuhörer das Gefühl, dass Sie seinen Leidensdruck verstehen (zum Beispiel indem Sie eine Geschichte aus dem Arbeitsalltag eines Ihrer Kunden erzählen).	❑
Deuten Sie an, dass Sie in den folgenden Ausführungen eine praktikable Lösung vorstellen, die den Leidensdruck schnell und nachhaltig beseitigen kann.	❑

Erzeugen Sie Spannung, indem Sie – zunächst – nur wenig sagen: • Sprechen Sie das Leidensdruckthema an, warten Sie dann auf die Reaktion. Wenn Sie mit einem Interessenten im Gespräch sind: Sagen Sie nicht zu viel, warten sie, bis er nachfragt. (Schließlich möchten Sie ein »gefragter Experte«, nicht jedoch ein »sagender Experte« sein.) • Inszenieren Sie auch andere Marketingkanäle (Kurzvorstellung, Internetseite, 60-Sekunden-Präsentation ...) nach diesem Prinzip: Leidensdruck ansprechen, aber nicht zu viel sagen. Laden Sie den Interessenten stattdessen zu einem Dialog mit Ihnen ein.	❑

Checkliste: Technik 10 – persönliche Nähe herstellen

Persönliche Nähe schafft Betroffenheit. Beschreiben Sie keine anonyme Erfolgsstrategie, sondern schildern Sie den Fall eines Unternehmens – noch besser: eines Menschen.

Das Prinzip	Vorgehensweise und Beispiel	geprüft
Persönliche Nähe herstellen	Angenommen Sie halten einen Vortrag über Frühwarnsignale für eine Krise im Unternehmen. Welche Variante wird Ihre Zuhörer am stärksten berühren? • *Variante 1:* Sie stellen als Warnsignal heraus: »Die Liquidität sinkt.« • *Variante 2:* Sie beschreiben die Situation in einem Unternehmen: »Die XY Maschinenbau GmbH hat festgestellt, dass sie immer eine Liquidität von... hat; innerhalb von vier Wochen ist dieser Wert abgesunken auf...« • *Variante 3:* Sie berichten, wie der Controller zum Geschäftsführer kommt und feststellt: »Die Liquidität ist drastisch gesunken, unsere Rechnungen stehen immer länger aus – das heißt, wir können unsere Lieferanten nicht mehr pünktlich bezahlen. Was machen wir denn jetzt?« Keine Frage: Die dritte Variante fesselt die Zuhörer am stärksten. Die Not des Geschäftsführers wird deutlich, die Zuhörer leiden mit ihm.	❑
Mensch geht vor Unternehmen – Unternehmen geht vor Sache.	Fragen Sie bei allem, was Sie vorstellen möchten: Muss ich wirklich ganz nüchtern die Sache beschreiben? Oder kann ich dies auch anhand einer Organisation oder eines Unternehmens tun? Oder noch besser: Kann ich den Sachverhalt an einer konkreten Person festmachen?	❑

Checkliste: Technik 11 – Teil für das Ganze

Treffen Sie eine Auswahl, lassen Sie einen Teil für das Ganze sprechen. So wenden Sie das Allgemeine in das Besondere, das Abstrakte in das Konkrete – und wirken spannend.

Das Prinzip	Anregungen und Beispiele	beachtet
Pars pro toto – den Teil für das Ganze sprechen lassen • Spannend für den Leser: Das konkrete Detail bietet Farbe, Lebendigkeit, regt dazu an, auf das Ganze zu schließen. • Angenehm für Sie: Anstatt mühsam nach Vollständigkeit zu trachten, greifen Sie beherzt zwei oder drei Details heraus.	Listen Sie nicht alle 37 Leidensdruckthemen Ihrer Kunden auf, sondern beschränken Sie sich auf einige wenige, die als Teil für das Ganze sprechen.	❑
	Sagen Sie nicht »Ich berate Mittelständler in ... « und führen dann zehn Städte auf, sondern formulieren Sie: »Ich berate Mittelständler von Karlsruhe bis zum Bodensee.«	❑
	Schreiben Sie nicht: »Ich trainiere Vertriebsmitarbeiter in den Bereichen Persönlichkeitsentwicklung, Verkaufen, Abschlusstechniken, Führungstechniken, Mitarbeitergespräche, Preisverhandlungsstrategien, ...«, sondern teilen Sie einfach mit: »Ich biete Fullservice-Training für Vertriebsmitarbeiter – vom Finden einer Verkaufsstrategie bis zur Abschlusstechnik.«	❑
	Unter dem Menüpunkt »Projekte« auf Ihrer Webseite führen Sie nicht alle 32 Projekte auf, sondern fünf ausgewählte, die als Teil für das Ganze sprechen.	❑
	In der Bibel schreibt Matthäus (6, 26): »Sehet die Vögel unter dem Himmel an: Sie säen nicht, sie ernten nicht, sie sammeln nicht in die Scheunen; und euer himmlischer Vater nährt sie doch.« Die Vögel stehen beispielhaft für andere – für alle, die leben, anstatt rund um die Uhr zu arbeiten. Wie würde der typische deutsche Berater den Gedanken formulieren? Etwa so: »Beachte deine Work-Life-Balance. Arbeiten ist nicht das einzig mögliche Ziel im Leben. Vielmehr sind weitere Komponenten wie Freizeitaktivitäten, soziales Netzwerk und spirituelles Leben ebenfalls zu berücksichtigen.«	❑

Checkliste: Technik 12 – die magischen Satzzeichen

Schaffen Sie Spannung – mit Satzzeichen. Was beim Sprechen Betonung und Pausen ausdrücken, erreichen im Text Gedankenstrich, Doppelpunkt und Semikolon.

Das Prinzip	Beispiele und Erläuterungen	beachtet
Gedankenstrich, Doppelpunkt und Semikolon lenken den Lesefluss.	Der Leser braucht Atempausen und die Kunst des Schreibens besteht darin, sie ihm in den richtigen Abständen anzubieten – indem Sie einen Punkt setzen. Darüber hinaus können Sie Texte lebendig und spannend gestalten: mit Doppelpunkt, Gedankenstrich und Semikolon.	❑
Doppelpunkt Faustregel: • *Ein* Doppelpunkt pro Absatz weist auf die richtige Dosis hin. • Kein Doppelpunkt auf einer ganzen Seite weist auf eine verschenkte Chance hin, Spannung zu erzeugen.	Der Doppelpunkt weckt Spannung, weil er signalisiert: Jetzt kommt die Lösung, jetzt kommt die Antwort. Prüfen Sie den Unterschied: »Bei unserer Arbeit setzen wir vor allem auf unsere Erfahrung.« »Bei unserer Arbeit setzen wir vor allem auf eines: unsere Erfahrung.«	❑
Gedankenstrich Faustregel: • *Ein* Gedankenstrich pro Absatz. • Der Gedankenstrich gliedert den Lesefluss ähnlich wie ein Doppelpunkt.	Der Gedankenstrich eignet sich, eine starke Aussage dramatisch zu unterstreichen. *Prüfen Sie den Unterschied:* »Aus Sicht des Betroffenen ist dieser Punkt durchaus zu verstehen. Und dennoch kommen wir bei Betrachtung der Studien auf ein anderes Ergebnis.« »Aus Sicht des Betroffenen ist dieser Punkt durchaus zu verstehen – und dennoch kommen wir bei Betrachtung der Studien auf ein anderes Ergebnis.«	❑
Semikolon	Das Semikolon liegt in der Mitte zwischen Punkt und Komma: Es signalisiert eine stärkere Zäsur, die ein Komma nicht ausreichend verdeutlichen würde; ein Punkt an dieser Stelle aber könnte den falschen Eindruck erwecken, die Aussage sei abgeschlossen.	❑

	Anders als der Punkt lädt das Semikolon *nicht* dazu ein, die Stimme zu senken und Atem zu holen – es kann die Lektüre sogar bescheunigen. *Beispiel*: Dieser Punkt wäre auch anders lösbar gewesen; eine Betrachtung der BWA hätte ausgereicht.	

22 Bonuskapitel: Leistungsfähig bleiben

von Nadine Hamburger (www.nadinehamburger.de)

22.1 Marketing mit voller Kraft voraus!

Nun haben Sie zahlreiche neue Anregungen für ihren Marktauftritt und wissen, welche konkreten Schritte zu tun sind. Wunderbar. Was aber, wenn Ihre Anfangseuphorie verloren geht oder Ihre Marketingaktivitäten schlichtweg im Strom des Alltagsgeschäfts untergehen? Schließlich steht bei diesen Aufgaben nicht der Kunde auf der Matte, wenn Sie Ihre (selbst gesetzten) Termine nicht einhalten. Oder Sie wollen mit Ihrem Fachartikel starten – und anstelle guter Ideen ist Ihr Kopf voll Zweifel und Bedenken. Oder Ihnen fehlt einfach die nötige Energie oder Motivation, um »auch das noch« zu erledigen? Da die besten Checklisten nichts bringen, wenn sie nicht bearbeitet und langfristig umgesetzt werden, erfahren Sie in diesem Bonuskapitel, wie Sie kraftvoll starten – und bleiben!

Checkliste: Der Härtetest fürs eigene Marketing: Berateralltag

Marketing braucht Zeit, gedanklichen Freiraum und Ihre persönliche Note. Sorgen Sie dafür, dass Ihr Marktauftritt trotz Berateralltag erfolgreich wird.

Aufgabe/Frage	beantwortet	realistisch		Lösung
		ja	nein	
Können Sie Ihre geplanten Marketingaktivitäten konsequent in Ihrem Berateralltag umsetzen?				
Wie viel Zeit benötigen Sie für einmalige Aufgaben (Konzeption, Beratung, technische Umsetzung, Briefing von Dienstleistern)?	❑	❑	❑	
Wie viel Zeit benötigen Sie regelmäßig (Ideen generieren, Inhalte verfassen, Reaktionen beantworten, Erfolge überprüfen)?	❑	❑	❑	
Für welche Aufgaben benötigen Sie Zeiten mit hoher Konzentration oder längeren Einheiten, welche können Sie in Freiräumen »zwischendurch« erledigen? Wie schaffen Sie sich diese Freiräume?	❑	❑	❑	

Wie überbrücken Sie Auszeiten und eventuelle Engpässe (Urlaub, Krankheit, hohe Auftragslage)?	❑	❑	❑	
Können Sie die Aufgabe mit der bestehenden Infrastruktur (Räume, Technik, Organisation) gut umsetzen? Was können und wollen Sie ändern oder optimieren?	❑	❑	❑	
Entsprechen die geplanten Aktivitäten Ihrer Person?				
Wie lassen Sie Ihre persönlichen Stärken und Erfahrungen in Ihr Marketing einfließen?	❑	❑	❑	
Wo wünschen Sie sich einen Berater/Coach, ein Seminar oder einen Dienstleister zur Unterstützung? Wie können Sie das realisieren?	❑	❑	❑	
Würden Freunde, Kollegen und Kunden mit voller Überzeugung sagen: »Das ist Frau/Herr xy, wie sie/er leibt und lebt«?	❑	❑	❑	
Erhält Ihr Marketing Ihre ganz persönliche Note?				
Entspricht es Ihren persönlichen und beruflichen Werten (siehe Kapitel 19 »Persönliche Planung«),	❑	❑	❑	
Welche Eigenschaften zeichnen Sie und Ihre Arbeit besonders aus? Ist das für den Kunden auch erlebbar?	❑	❑	❑	
Welches gewisse Extra oder welche persönliche Note können Sie ihm noch geben?	❑	❑	❑	
Schließt Ihre Vision die Ihrer Kunden mit ein?				
Enthält Ihre Vision die Bedürfnisse Ihrer Kunden?	❑	❑	❑	
Was möchten Sie Ihren Kunden bieten? Welches ist der konkrete (Zusatz-)Nutzen, den Ihre Kunden erhalten? Haben sie das Gefühl, ein »Geschenk« von Ihnen zu bekommen?	❑	❑	❑	
Wie möchten Sie von Ihren Kunden wahrgenommen werden? Was empfinden Sie dabei? Was hören und sehen Sie? Gibt es einen Geschmack oder Geruch dazu?	❑	❑	❑	
Spricht Ihr Marketing genau die Kunden an, mit denen die Chemie stimmt? (siehe Abschnitt 1.2 »Zielgruppe ermitteln«)				
Sprechen Sie sehr konkret Ihre Lieblingskunden an?	❑	❑	❑	
Was interessiert Ihre Kunden besonders (beruflich und privat), welche Persönlichkeitsmerkmale haben sie etc.? Wie können Sie das für Ihr Marketing nutzen?	❑	❑	❑	

Entspricht Ihre Marketingkommunikation Ihrem Ton im persönlichen Gespräch?	❑	❑	❑	
Sind Sie überzeugt von der Art Ihres Marketings?				
Was überzeugt Sie an dem Marketinginstrument?	❑	❑	❑	
Welches sind die kritischen Erfolgsfaktoren, und wie können Sie die beherrschen?	❑	❑	❑	
An welchen Stellen haben Sie Zweifel? Wie können Sie die überprüfen, ausräumen oder mit ihnen umgehen?	❑	❑	❑	
Sind Sie mit Begeisterung dabei?				
Was begeistert Sie? Welches sind Ihre beruflichen und privaten Interessen und Leidenschaften? Wie können Sie diese in Ihr Marketing einfließen lassen?	❑	❑	❑	
Was können Sie tun, damit Sie während der Marketingaktivitäten Ihre Leidenschaft spüren?	❑	❑	❑	
Wodurch spüren es anschließend Ihre Kunden und Interessenten?	❑	❑	❑	
Was müssen Sie beachten, damit das Marketing auch für Sie interessant bleibt?	❑	❑	❑	
Bringt es Sie Ihren persönlichen UND beruflichen Zielen näher? (siehe auch Kapitel 19 »Persönliche Planung«)				
Was bringt Ihnen Ihr Marketing?	❑	❑	❑	
Welche Meilensteine wollen Sie erreichen und wie werden Sie sich belohnen und sie feiern?	❑	❑	❑	
Können Sie Ihr Marketing ausreichend flexibel handhaben?				
Was sind MUSS- und was KANN-Ziele? Wann sollten Sie aussteigen/eine Planänderung vornehmen?	❑	❑	❑	
Welche Hindernisse könnten kommen und wie können Sie mit ihnen umgehen?	❑	❑	❑	
Wie und wann überprüfen Sie Ihre Zielerreichung?	❑	❑	❑	
Sind Ihre persönlichen Bedürfnisse ausreichend berücksichtigt? (siehe auch Kapitel 19 »Persönliche Planung«)				
Wie stellen Sie sicher, dass Sie gesund und bei Kräften bleiben? Was brauchen Sie dafür?	❑	❑	❑	
Welches sind Ihre Minimumanforderungen? Wie schaffen Sie einen Ausgleich, wenn es mal hoch hergeht? Wie tanken Sie wieder auf?	❑	❑	❑	

Welche persönlichen Ruhe- und Erholungsphasen berücksichtigen Sie?	❑	❑	❑	
Haben Sie genügend Zeit für Freunde, Familie, Partner und Ihre persönlichen Interessen?	❑	❑	❑	
Sind Ihre Lebensbereiche im Einklang?	❑	❑	❑	

22.2 Einzelkämpfer oder Teamplayer

Ob Berater, Trainer oder Coach: In Ihrem Alltag müssen Sie eine Vielzahl von Rollen ausüben. So sind Sie auch Verkäufer in eigener Sache, Ratgeber, Stratege, Ideengenerator, Umsetzer, Organisator, Selbstcoach, Buchhalter, Controller ... Nicht jeder macht all diese Tätigkeiten gut und gern alleine. Aber auch die Zusammenarbeit mit anderen kostet Zeit, Kraft und Geld. Umso wichtiger ist es, sich die Frage zu beantworten: Wo arbeite ich lieber (und besser) im Team – und wo allein? Nur wenn Sie die Antwort kennen, können Sie

- sich die passenden Rahmenbedingungen für gute und freudvolle Arbeit schaffen,
- genau die Kontakte und Beziehungen pflegen, die Ihnen auch wirklich gut tun, sowie
- Ihr ganz individuelles Netz aus Beziehungen und Kontakten knüpfen, pflegen und (be)reinigen.

Die folgenden Checklisten ermöglichen Ihnen, den für Sie richtigen Mix aus Team- und Einzelarbeit zu finden.

Checkliste: Ihre Rollen als Berater

Bitte füllen Sie *spaltenweise* die folgende Tabelle aus – also erst alle Rollen, dann für jede Rolle, wie sie *lieber*, dann wie Sie *besser* arbeiten, anschließend den Handlungsbedarf.

Rolle	**Sind Sie *lieber* allein oder im Team?**	**Sind Sie *besser* allein oder im Team?**	**Handlungsbedarf**

<table>
<tr><td></td><td></td><td></td><td></td></tr>
<tr><td></td><td></td><td></td><td></td></tr>
<tr><td colspan="4">Ausfüllhinweise:</td></tr>
<tr><td colspan="4">Spalte »Rolle«
Bitte tragen Sie hier alle für Sie relevanten Rollen oder Aktivitäten ein, berücksichtigen Sie dabei die folgenden Bereiche:
• Kundenbezogene Aktivitäten:
Auftragsklärung, Vorbereitung Kundentermine (Seminar/Coaching/Beratung), Arbeit beim/mit dem Kunden (vor Ort oder telefonisch), Auftragsabwicklung im Büro, neue Ideen entwickeln, fachliche Ausarbeitungen, Kundenpflege, Neukundenakquise ...
• Unternehmerische Tätigkeiten:
strategische Arbeit, konzeptionelle Arbeit, unternehmerische Entscheidungen treffen, Geschäftsplanung und Controlling, Buchhaltung, Werbung und Öffentlichkeitsarbeit, grafische Gestaltung, Texte schreiben, Networking ...
• Organisatorisches:
Planung und Koordination von Terminen/Räumen/Reisen, Instandhaltung der Infrastruktur (Räume, Arbeitsmittel, Auto etc.) ...
• Persönliches:
Reflexion der eigenen Arbeit und Person, Psychohygiene (mit Emotionen umgehen, Gedanken klären, Hemmnisse lösen), Selbstpflege (Ernährung, Bewegung, Ruhe, Erholung), fachliche Weiterbildung, persönliche Entwicklung ...
• Privates:
Freundschaften pflegen und genießen, Kumpel/Sportsfreund, Partner und Liebhaber in der Beziehung/Ehe, Mutter/Vater, Hausarbeiten, Familienmitglied, Hobbys und persönliche Interessen ...</td></tr>
<tr><td colspan="4">Spalte »Sind Sie lieber alleine oder im Team?«
Hier geht es nur um Ihre (subjektiven) Bedürfnisse und Wünsche. Schreiben Sie diese intuitiv pro Rolle nieder.</td></tr>
<tr><td colspan="4">Spalte »Sind Sie besser alleine oder im Team?«
»Besser« meint hier: Ist es schneller erledigt? Haben (nur) Sie Wissen, Fähigkeiten, Hilfsmittel dazu? Entspricht es Ihren (Kern-)Kompetenzen und Werten? Bringt Sie das Ihren Zielen näher? Können andere das qualitativ besser oder schneller erledigen? Was würde Sie das kosten (Zeit, Geld, andere Ressourcen wie Räume etc.)?</td></tr>
</table>

Spalte »Handlungsbedarf«
Nehmen Sie jetzt Ihre Bedürfnisse nochmals kritisch unter die Lupe. Denn nur manche Gründe sind handfest und es bietet sich tatsächlich an, in einem festen Team zu arbeiten oder sich Unterstützung zu suchen. Andere sind grundlegende Themen, bei denen es sinnvoller ist, sie für sich allein zu lösen oder mit einem Coach – wie beispielsweise Ängste, Selbstzweifel oder Unbehagen bei der Akquise. Fragen Sie sich also:

- Welche Bedürfnisse können Sie für sich alleine klären? Warum genau fallen Ihnen manche Dinge schwer? Was genau ist zu lösen?
- Wo können Ihnen andere helfen und wie?
- Können andere oder ein Team dies wirklich sinnvoll kompensieren?

Checkliste: Zusammenarbeit mit Partnern

Damit die Zusammenarbeit mit Dienstleistern oder Kooperationspartnern erfolgreich wird, sollten Sie genau definieren und kommunizieren, was Sie wollen und was nicht.

	Aufgaben und Fragen	**beantwortet/ erledigt**
Ihre Absichten	Was schätzen Sie daran, alleine zu arbeiten? Was soll erhalten bleiben?	❑
	Welche positiven/negativen Erfahrungen haben Sie? Was haben Sie daraus gelernt?	❑
	Welche Ebenen sollen bedient werden?	❑
	Was ist Ihr Nutzen aus der Zusammenarbeit (Ideen, Fachkenntnis, Motivation, Zeitersparnis ...)? Wie hoch ist der Preis, den Sie dafür zahlen?	❑
	Bringt es Sie Ihren Zielen näher?	❑
	Sind Sie gegebenenfalls bereit, • die Kontrolle abzugeben über die Art und Weise, wie Dinge gehandhabt werden, • eigene Abläufe und Vorgehensweisen anzupassen, • Zeit zu investieren, um Arbeit zu koordinieren, • sich gegenseitig zu motivieren, bei Schwierigkeiten gemeinsame Lösungen zu finden?	❑

Art der Zusammen-arbeit	Auf welchen Ebenen soll der Kontakt stattfinden (fachlich/ persönlich, intellektuell, beruflich/privat/ freundschaftlich, absichtsvoll/visionär ...)? Wie viel Distanz/Nähe wollen Sie?	❑
	Wie intensiv soll die Zusammenarbeit sein (projektartig, dauerhaft, Kontakthäufigkeit ...)? Mit welcher räumlichen Nähe und welchen Kommunikationsmitteln (Treffen, Telefon, E-Mail ...)?	❑
	Welche Werte sollten übereinstimmen?	❑
	Was sind die Erfolgsfaktoren? Welche Probleme können sich ergeben? Wie beugen Sie diesen vor?	❑
	Welches darf nicht passieren? Welche Gründe gibt es, das Miteinander zu beenden?	❑
Ihr Partner	Was sollte der andere mitbringen (Kompetenzen, Erfahrungen, persönliche Eigenschaften, Interessen ...)? Welche Erwartungen haben Sie, wie sollte er Sie ergänzen (fachlich, persönlich ...)?	❑
	Wie profitiert er von dem Miteinander? Worin besteht sein faktischer und emotionaler Nutzen?	❑
	Welches sind seine Absichten, Ziele und Erwartungen? Reicht sein Engagement, will er wirklich? Ist der Partner innerlich klar ausgerichtet, selbstsicher, auf Erfolg gepolt? Oder hat er innere unbewusste Barrieren – ist er beispielsweise überkritisch?	❑
Das Miteinander	Stimmen die Ziele und Absichten überein? Entsteht für beide ein Nutzen?	❑
	Stimmen die wesentlichen Werte überein, widersprechen sich manche nicht? Gibt es (weitere) gemeinsame Absichten und Werte?	❑
	Welche konkreten Rahmenbedingungen brauchen Sie in der Zusammenarbeit? Stimmen sie für alle Parteien?	❑
	Stimmen Persönlichkeit, Chemie und Arbeitsweise überein? Besteht die Gefahr des Konkurrenzdenkens?	❑
	Sind die Rollen als Freund/Partner und Geschäftspartner klar? Kann es Konflikte geben?	❑
	Ergänzen sich Ihre Stärken und Schwächen? Ist das Machtverhältnis ausgeglichen? Wie weit entsteht eine Abhängigkeit – ist sie »gesund«?	❑
	Ist der Zeitpunkt für beide Partner der richtige? Können und wollen beide dem Projekt gleich viel Energie und Aufmerksamkeit widmen?	❑

Erste Schritte	Kooperationspartner auswählen: 1. Erste Gespräche führen, kennenlernen. 2. Konkrete Absichts- und Zielklärung, Ergebnisse fixieren. 3. Konkrete weitere Schritte und Testprojekt vereinbaren.	❑
Regelmäßige Pflege	Beziehungen pflegen – und danken. Planen Sie feste Zeiten für Ihre Kontakte und denken Sie an kleine Aufmerksamkeiten zwischendurch.	❑
	Geben Sie Feedback und fragen Sie den Partner, ob das Miteinander für ihn stimmt: • Gibt es Verbesserungsmöglichkeiten, sollten die Vereinbarungen angepasst werden? • Stimmt die Balance zwischen Abhängigkeit und Unabhängigkeit? • Stimmt die Balance zwischen Geben/Kosten und Nehmen/Nutzen?	❑
	Lösen Sie sich von Verbindungen, die Ihnen nicht gut tun, von Zeit- und Energiefressern. Die Devise lautet: Klären oder trennen. Trennen Sie klar zwischen persönlicher und beruflicher Ebene, falls es zur Trennung kommt. Halten Sie fest, was gut gelaufen ist und was Sie aus Ihren Erfahrungen lernen.	❑

Checkliste: Ihr persönlicher Team-Mix

Wie sieht Ihre perfekte Konstellation aus Team- und Einzelarbeit aus – und wie kommen Sie dorthin? Definieren Sie den Team-Mix für Ihre sieben Hauptrollen.

Aufgabe/ Rolle	Was konkret brauchen Sie?	Welche Art der Verbindung möchten Sie haben?	Wie genau können Sie das umsetzen?	Welches sind Ihre ersten Schritte?
Organisator	Koordination aller Termine und Reisen	Verlässliche, feste Person, Sekretariat	Mitarbeiter in Festanstellung	1. Anforderungskatalog erstellen 2. Personalagentur beauftragen 3. Abläufe festlegen
Berater	Verlässlichen Partner für Großprojekte	Eigenständigkeit & Eigenverantwortung, Partner mit gleichem Beratungsansatz	Kooperationsvertrag für freie Zusammenarbeit	1. Herrn Hölter ansprechen 2. Rahmenbedingungen festlegen 3. Testprojekt vereinbaren

1. Rolle:				1. 2. 3.
2. Rolle:				1. 2. 3.
3. Rolle:				1. 2. 3.
...				1. 2. 3.
7. Rolle:				1. 2. 3.

22.3 Umgang mit Selbstkritik und Zweifeln

Überkritische Gedanken nehmen Mut und Freude, blockieren das Handeln: »Habe ich überhaupt genug zu sagen?«, »Das wurde doch alles schon geschrieben.« »Ist meine Sichtweise überhaupt die richtige?« »Wer will das überhaupt lesen?« …

Für Berater, Trainer und Coachs ist dies eine besondere Herausforderung. Schließlich haben gerade sie eine ausgeprägte Selbstreflexion und hohe Ansprüche an die eigene Person. Was für die tägliche Arbeit mit dem Kunden sehr positiv sein kann, stellt sich bei der Entwicklung des eigenen Geschäfts häufig als Hindernis heraus. Denn zu viel Selbstkritik blockiert, macht unzufrieden, hindert am Vorankommen. In diesem Abschnitt lernen Sie, hinderliche Selbstkritik und Zweifel schnell zu erkennen und Strategien zu entwickeln, wie Sie konstruktiv mit Ihrem inneren Kritiker umgehen.

Checkliste: Den inneren Kritiker erkennen

Kritiker erkannt – Gefahr gebannt. Also: Lernen Sie positive wie negative Seiten Ihres Kritikers kennen – und entlarven Sie Ihre automatisierten Reaktionsmuster.

Aufgaben und Fragen	erledigt
Der innere Kritiker hat in der Regel seine guten und seine schlechten Seiten. Probleme bereitet er meist nur, wenn er überhand nimmt. Daher sollten Sie die guten Seiten natürlich kennen, schätzen und bewahren. Notieren Sie: Welches sind die *positiven Eigenschaften Ihres inneren Kritikers?*	❑

Wenn der innere Kritiker überhand nimmt, reagieren wir oft mit eingespielten Handlungsmustern. Im Grunde sind nicht die kritischen Stimmen im Innern das Problem, sondern die Art, wie wir mit ihnen umgehen. Welche typischen Reaktionsmuster erkennen Sie bei sich? • *Sie ignorieren Kritik und Zweifel* mit Gedanken wie: »Ich bin halt keine Geschäftsfrau.« Auf diese Art verdecken Sie womöglich wertvolle Hinweise des inneren Kritikers und vergeuden zudem Ihre Kraft mit dem meist erfolglosen Versuch, sie zu unterdrücken. Denn innere Anteile wie Kritiker und Zweifler sind wie kleine Kinder: Sie wollen wahrgenommen werden, an Ihrem Leben teilhaben. Verwehren Sie ihnen dieses Recht, werden sie schnell laut, ungemütlich und treiben hinterrücks ihr Unwesen. • *Sie nehmen Kritik und Zweifel mit zusammengebissenen Zähnen hin:* »Da muss ich halt durch.« Dies ist eine wirkungsvolle Strategie, um neuen Herausforderungen aus dem Weg zu gehen, kleine Brötchen zu backen, anstatt Ihre Wünsche zu verwirklichen und Ihr volles Potenzial zu nutzen. • *Unbewusst lassen Sie diese »Übeltäter« zu*, tadeln sich, dass Sie nicht »perfekt« waren, und sind enttäuscht über Ihre Leistung: So produzieren Sie selber Ärger, Frust und unnötigen Druck. Das Selbstwertgefühl sinkt, neue Aufgaben und Herausforderungen werden lieber vermieden. Sie enden also entweder im Perfektions-Hamsterrad bis hin zum Burnout – oder verweilen im Nichtstun. • *Sie kritisieren, dass Sie sich selbst so kritisch und zweiflerisch empfinden*. Dies ist ein beliebtes Instrument, um die oben genannten Effekte noch zu verstärken ...	❑
Je früher Sie wieder auf positive oder konstruktive Gedanken kommen, desto besser – denn negative Gedanken ziehen negative Ereignisse an. Notieren Sie deshalb die Anzeichen, mit denen sich überkritische oder zweifelnde innere Stimmen bei Ihnen ankündigen: • In welchen Situationen meldet sich Ihr innerer Kritiker? • Woran erkennen Sie konkret, dass er es ist? • Wie tritt er in Erscheinung? Was spricht er, in welchem Tonfall? • Welche Gefühle nehmen Sie wahr? • Wie reagieren Sie normalerweise? • Woran können Sie noch erkennen, dass sich der Kritiker anschleicht?	❑

Checkliste: Ihr Kritiker-Notfallset: Zehn Sofortmaßnahmen

Ihr innerer Kritiker schlägt zu, was nun? Wählen Sie drei bis fünf Sofortmaßnahmen, die bei ihnen gut funktionieren – und halten Sie diese abrufbereit.

Sofortmaßnahme	**probiert**	**besonders hilfreich**
Unterbrechen Sie, was Sie tun. Sagen Sie innerlich »Stopp!«, atmen Sie tief durch, und bringen Sie sich durch einen Spaziergang an der frischen Luft oder ein Telefonat mit einem netten Menschen auf andere Gedanken.	❑	❑

Fokussieren Sie Ihre Aufmerksamkeit auf Ihren Atem. Spüren Sie, wie er durch Ihre Nase in Ihren Körper fließt und sich Ihr Bauch hebt und senkt. Wenn Sie einige Male tief ein- und ausatmen, sich voll auf Ihren Atem konzentrieren, werden Sie nicht mehr bei Ihren Gedanken verweilen. Sie können den Effekt noch verstärken, indem Sie sich innerlich sagen: »Meine Gedanken sind ruhig.«	❑	❑
Kommen Sie in die Gegenwart. Die Realität besteht nur im Hier und Jetzt, alles andere sind in der Regel Gedankenkonstrukte. Kommen Sie wieder in die Gegenwart, indem Sie beispielsweise all Ihre Sinne auf einen Apfel konzentrieren, ohne Ihre Eindrücke gedanklich zu bewerten: Wie fühlt er sich an, wie riecht er? Wie sieht er mit all seinen Details aus? Wie schmeckt er, wie hört es sich an, wenn Sie zubeißen?	❑	❑
Schicken Sie Ihren Kritiker in Urlaub. (Sie dürfen schmunzeln, aber für viele ist das sehr wirkungsvoll.) Zum Beispiel auf eine lange Schiffsreise um die Welt, in den Wald, aus dem Fenster, oder verabreden Sie einen Gesprächstermin mit ihm, an dem er sich wieder melden darf und Sie sich um seine Bedürfnisse kümmern.	❑	❑
Erlauben Sie sich Fehler. Geben Sie sich einen Zeitabschnitt oder Raum, in dem Sie alles können und dürfen. Verinnerlichen Sie: »Ich kann und darf jetzt alles probieren.«	❑	❑
Tun Sie so, als ob. Auch wenn Ihr innerer Kritiker das Gegenteil behauptet, tun Sie einfach so, als seien Sie der Experte und könnten den Artikel perfekt schreiben. Sehr wirkungsvoll ist auch, sich auszumalen, Sie hätten ihn schon geschrieben, erhalten stehenden Applaus und höchste Aufmerksamkeit. Was hören, sehen, fühlen Sie dabei? Bedanken Sie sich bei allen, die Sie bei diesem Erfolg unterstützt haben. Genießen Sie dieses Gefühl in vollen Zügen – und schreiben Sie einfach los.	❑	❑
Betrachten Sie das Leben als Spiel. Eine herrliche Übung, die wieder eine gesunde Prise Leichtigkeit in die Situation bringt.	❑	❑
Geben Sie die Führung ab. Dies ist gerade in solchen Fällen sehr wirkungsvoll, wenn Sie nicht mehr weiterwissen. Wenn Sie an eine höhere Instanz glauben, an Gott oder eine übergeordnete (universelle) Kraft, übergeben Sie ihr die Führung. Bitten Sie sie, die Dinge für Sie zu regeln, oder bitten Sie sie um eine Antwort auf Ihre Frage – und seien Sie anschließend offen für Einfälle, Geschehnisse und Begegnungen, die Ihnen weiterhelfen. Vertrauen Sie Ihrer Intuition oder der höheren Instanz. Damit Sie die Hinweise auch wahrnehmen, müssen allerdings Ihre Gedanken still sein, sonst übertönen sie die feine Stimme der Intuition.	❑	❑

Antworten Sie selbstbewusst. Antworten Sie der zweifelnden inneren Stimme »Wird mein Artikel wirklich so gut werden, wie ich es mir ausgemalt habe?« schlicht und ergreifend mit einem überzeugten »Ja, wird er!«. Oder noch besser: »Das ist er schon, er muss nur noch aufs Papier gebracht werden.«	❑	❑
Bauen Sie Ihren Gedanken Brücken. Der Gedanke »Ich trage die Verantwortung« verursacht häufig Angst, wandeln Sie ihn einfach um in: »Ich habe das Steuer in der Hand.« Die lähmende Angst, »Fehler« zu machen, vermeiden Sie mit dem positiven Glaubenssatz: »Es gibt keine Fehler, sondern nur Ergebnisse und (Lern-)Erfahrungen« – und Sie haben Mut zum Handeln.	❑	❑

Quelle: Nadine Hamburger: Kopf frei fürs Marketing. Wie Sie emotionale Herausforderungen Ihres Marketings meistern, in: Giso Weyand: Das gewisse Extra. Beratermarketing für Fortgeschrittene, Bonn 2007.

Checkliste: Freundschaft schließen mit dem inneren Kritiker

Hier finden Sie zehn Übungen, um dauerhafte Freundschaft mit dem inneren Kritiker zu schließen. Probieren Sie aus, was für Sie passt!

Aufgaben und langfristige Übungen	probiert	besonders hilfreich
Die Notfallübungen ausprobieren und die für Sie wirkungsvollsten Übungen trainieren.	❑	❑
Den Tag reflektieren. Welche Erfolge und schönen Erlebnisse hatten Sie heute? Welche guten Dinge sind auf Sie zugekommen? Bedanken Sie sich dafür.	❑	❑
Zweifel auskreuzen. Machen Sie bei jedem Zweifel ein Kreuz in Ihren Kalender, und freuen Sie sich, dass Sie ihn bemerkt haben. Sie können sehen, wie sie von Woche zu Woche weniger werden, schwarz auf weiß ...	❑	❑
Negative Glaubenssätze in positive umwandeln. »Ich darf Fehler machen und aus ihnen lernen.« »Ich bin gut genug.« »Ich darf ich selber sein.« »Ich nehme mir die Zeit, die ich brauche.« »Ich darf meinem eigenen Rhythmus folgen.« »Ich darf offen sein für Zuwendung und auch für Konfrontation.« »Ich darf mir Hilfe holen.« »Ich nehme mich selber und meine Bedürfnisse ernst.« »Ich bin okay, auch wenn jemand unzufrieden mit mir ist.« Integrieren Sie diese Sätze in Ihren Alltag: auf einer Karte am Schreibtisch, als Begrüßungstext auf dem Handydisplay, in Ihrem Terminkalender ...	❑	❑

Kritiker-Meeting. Verabreden Sie mit Ihrem inneren Kritiker und Ihrem Zweifler einen festen Zeitpunkt in der Woche, an dem Sie sie anhören. So respektieren Sie sie – und die beiden treiben ihr Unwesen weniger im Dunkeln.	❑	❑
Sich auf den Tag einstimmen. Sie bleiben morgens noch fünf Minuten im Bett liegen und visualisieren, wie Sie den Tag positiv und erfolgreich durchleben und Ihre Vorstellungen und Wünsche in Erfüllung gehen. Glauben Sie daran, dass es nun genauso kommen wird, seien Sie offen und bereit für das, was Ihnen an diesem Tag begegnet!	❑	❑
Vertrauen üben. Nehmen Sie bewusst Ihre Intuition wahr, vertrauen Sie ihr und einer höheren Führung – sofern Sie hieran glauben. Machen Sie sich regelmäßig Ihre Aufgabe in der Welt bewusst. Visualisieren Sie, wie Sie Ihre eigenen Stärken kennen und diese Potenziale optimal einsetzen.	❑	❑
Erfolge feiern. Schließen Sie Ihren Tag ab, indem Sie Ihre kleinen und großen Erfolge des Tages Revue passieren lassen. (Hier ist keine Kritik erlaubt, wirklich nur Erfolge und ggf. Vorhaben und Ziele für den nächsten Tag!) Legen Sie bei Ihrer Planung immer auch Meilensteine fest, bei deren Erreichung Sie sich belohnen oder Ihre Erfolge mit anderen feiern.	❑	❑
Kritische Gedanken oder Zweifel in Projekte einbringen. Wenn sie beispielsweise während Ihrer Buchschreibzeit auftreten, schreiben Sie ein Tagebuch zum Buch. Dies schafft Raum für die emotionale Seite, den nötigen Abstand durch die Reflexion und häufig auch neue Ideen für Ihre Projekte.	❑	❑
Bleiben Sie dran. Reflektieren, üben Sie, und überprüfen Sie regelmäßig Ihre Erfolge.	❑	❑

22.4 Die Motivation ist weg – und nun?

Ihnen fehlt die nötige Energie oder Motivation, um Ihre Vorhaben umzusetzen? Sie wollen sicherstellen, dass Sie nicht nur gut durchstarten, sondern bis zum Ziel durchhalten? Dann überprüfen Sie hier, ob Sie ausreichende Aktivitäten in Ihren Alltag einplanen, die Ihnen Energie und Motivation geben. Erkennen und reduzieren Sie unnötige Energieräuber. Finden Sie eine realistische Balance zwischen beruflichen und privaten Aktivitäten, zwischen Herausforderungen sowie Ruhe- und Erholungsphasen.

Checkliste: Überblick Motivations-Check

Ihre Motivation ist weg – woran kann es liegen? Überprüfen Sie es hier – und widmen Sie sich bei Bedarf den entsprechenden Abschnitten in diesem Buch.

Frage	über-prüft	Handlungs-bedarf
Geht Ihnen Ihr Marketing leicht von der Hand, bestehen Ihre Aktivitäten den »Härtetest Marketing«?	❑	
Machen Sie das, was Sie wirklich tun wollen?	❑	
Verwirklichen Sie in Ihrer Arbeit Ihre Visionen und Ziele?	❑	
Haben Sie Ihre Vision, Ziele und konkrete Planung vor Augen? Sind sie noch aktuell?	❑	
Erreichen Sie Ihre Ziele in Bezug auf Einkommen und investierte Arbeitszeit?	❑	
Leben Sie entsprechend Ihren Werten, sind sie ausreichend erfüllt?	❑	
Stimmt Ihr Arbeitsumfeld, können Sie dort zu Höchstform auflaufen?	❑	
Sind Ihre Lebensbereiche im Einklang oder kommen einige Bereiche zu kurz (Beruf/Karriere, Freunde, Familie, Partner/Beziehung, Hobbys, persönliche Entwicklung, Gesundheit, Umwelt/Lebensraum, Finanzen)?	❑	
Finden Sie Zeit für die Dinge, die Ihnen neben der Arbeit wichtig sind?	❑	
Haben Sie ausreichend Ruhepausen, um wieder aufzutanken?	❑	
Sind Sie gesund und fit? Fühlen Sie sich morgens wie auch nach Feierabend voller Energie?	❑	
Haben Sie Energieräuber Ihres Alltags weitgehend eliminiert und bauen regelmäßig Kraft spendende Aktivitäten ein?	❑	
Belasten Sie kritische Gedanken, Zweifel oder Ängste?	❑	
Fühlen Sie sich in Ihrer (Einzelkämpfer-)Rolle wohl und/oder verfügen über ein unterstützendes Netzwerk?	❑	

Checkliste: Energiegeber

Entlarven Sie Ihre Energieräuber und bauen Sie Energiegeber in Ihren Alltag ein. Wenige Minuten Zeit geben Ihnen häufig neue Energie für Stunden oder gar Tage!

Energiegeber	bereits probiert	erfolgreich?	Was Sie tun möchten ...
Sie wissen, was im Alltag Energie kostet – und reduzieren diese Tätigkeiten auf ein notwendiges Minimum.	❑	❑	
Gesunde Ernährung: Mindestens zwei Liter täglich trinken (ohne Koffeinhaltiges und Alkohol), ausgewogener Mix aus Kohlenhydraten, Obst/Gemüse, Eiweiß/Fisch/Fleisch, Fetten. In Ruhe essen. Individuelle Ernährungslösungen für den hektischen Alltag finden.	❑	❑	
Grundbedürfnisse wie Schlaf, Gesundheit, Sicherheit, Geborgenheit, Lust und körperliche Nähe decken.	❑	❑	
Jede Stunde mindestens fünf Minuten Pause machen, entspannen, tagträumen, bewegen ...	❑	❑	
Ausreichend frische Luft – auch wenige Minuten tiefes Atmen am offenen Fenster bringen bereits neue Energie.	❑	❑	
Achtsame Gespräche mit lieben Menschen.	❑	❑	
Zwischenmenschliche Themen oder Probleme sofort lösen.	❑	❑	
»Schatzkiste« an positiven Erlebnissen und Kundenfeedback anlegen und immer hineinschauen, wenn Sie niedergeschlagen sind oder die Motivation nachlässt.	❑	❑	
Die Arbeit versüßen mit schöner Musik, netter Atmosphäre, belohnenden Tee- oder Kaffeepausen – die einfach nur zum Genießen da sind.	❑	❑	
Täglich zweimal 30 Minuten lang bewegen (Sport, spazieren gehen, laufen statt Taxi ...).	❑	❑	
Auch sich in hektischen Zeiten oder langen Meetings mindestens stündlich für eine Minute auf den Atem fokussieren und sich selbst wahrnehmen.	❑	❑	

Fünf weitere Dinge, die mir Energie geben: 1. 2. 3. 4. 5.	❑	❑	
Ihre tägliche Agenda: 1. Jeden Tag etwas tun, das Ihnen sehr viel Freude bereitet. 2. Jeden Tag etwas tun, das Sie Ihren persönlichen Zielen spürbar näherbringt. 3. Jeden Tag etwas tun, das Ihnen einen Ausgleich zur Arbeit verschafft (Sport, Familie, Hobby etc.)	❑	❑	

Autoreninformation

Giso Weyand unterstützt seit 1997 Coachs, Trainer und Berater bei deren Marketing. Zu seinen Kunden zählen Einzelkämpfer ebenso wie kleine und mittelgroße Beratungsunternehmen. Mit seinem Team unterstützt er seine Kunden umfassend von der Positionierung über die spannende Gestaltung aller Marketingkanäle bis zur Platzierung von Artikeln und Büchern. Das Team Giso Weyand gilt daher als kompetenter Full-Service-Anbieter für die Beratungsbranche.

Seine berufliche Laufbahn begann der Autor sehr früh. Im Alter von 15 Jahren gründete er sein erstes Beratungsunternehmen – und war damals der wohl jüngste Unternehmer Europas. Die Medienresonanz reichte von ARD und RTL über die *Bild*-Zeitung bis hin zu renommierten Printmedien wie *Die Zeit, Computer-Woche* und *taz*. Ein Studium der Sozialen Verhaltenswissenschaften, Rechtswissenschaften und Geschichte runden seinen beraterischen Hintergrund ebenso ab wie seine dreijährige Ausbildung in Systemischer Therapie und Beratung (SG).

Giso Weyands Artikel und Kommentare erscheinen regelmäßig, unter anderem in Fachmedien wie dem Handbuch Human Ressource Management, *managerSeminare, Kommunikation & Seminar, Wirtschaft & Weiterbildung* und *acquisa*. Seine Publikationsliste umfasst aktuell mehr als 40 Titel.

Das Motto des Autors: Nur wer anders, spannend und bekannt ist, kann in diesem harten Geschäft bestehen.

Weitere Informationen zum Autor unter *www.gisoweyand.de.*

CD-Benutzerhinweise

Systemvoraussetzungen: Windows 95x, 98, 2000, NT, ME, XP, Vista oder Apple Macintosh. Außerdem muss der Adobe Acrobat Reader 8.0 auf Ihrem System installiert sein. Falls nicht vorhanden, bitte mitgelieferte Version installieren.

Windows

Legen Sie die CD-ROM in das CD-ROM-Laufwerk ein. Die CD-ROM startet selbstständig. Falls Ihr Computer keinen Autostart unterstützt, öffnen Sie bitte im Explorer das Verzeichnis der CD-ROM und starten durch Doppelklick im Ordner »Vorspann« die Datei »Titelseite.pdf«.

Apple Macintosh

Legen Sie die CD-ROM in das CD-ROM-Laufwerk ein. Öffnen Sie bitte im Finder das Verzeichnis der CD-ROM und starten durch Doppelklick im Ordner »Vorspann« die Datei »Titelseite.pdf«.

Navigator: Nachdem die Titelseite auf dem Monitor zu sehen ist, kommen Sie durch Anklicken des Lesezeichens *»Inhaltsverzeichnis«* auf die Seite *»Inhaltsverzeichnis«*. Hier gelangen Sie durch Anklicken der Lesezeichen oder direkt im Inhaltsverzeichnis zum gewünschten Kapitel.

Am Ende jeder Checkliste befinden sich die beiden Buttons *»Speichern«* und *»Formular leeren«* mit den folgenden Funktionen:

»Speichern«: Hier speichern Sie Ihre ausgefüllte Checkliste unter *»Datei speichern unter«* ab (Der Speicherort der ausgefüllten Checkliste muss identisch sein mit der Ursprungsdatei!). Unter *»Datei öffnen«* rufen Sie Ihre Version der Checkliste wieder auf.

»Formular leeren«: Hier werden die *»Checklisten/Formulare«* bereinigt. Dabei ist wichtig, dass nach dem Bearbeiten des Originaldokuments und dem Speichern dieser Version das Originaldokument mit *»Formular leeren«* bereinigt wird; die gespeicherte Version kann dann wieder über *»Datei öffnen«* aufgerufen werden.

Voraussetzung für die Funktion »Speichern«: Wir empfehlen Ihnen, einen eigenen Ordner auf Ihrer Festplatte anzulegen und dort den Ordner »Checklisten« der Software abzuspeichern.